WTB Wissenschaftliche Taschenbücher

Zuletzt erschienene Bände:

JOACHIM AUTH / DIETMAR GENZOW
KLAUS H. HERRMANN
Photoelektrische Erscheinungen

GERHARD GEISELER / HEINZ SEIDEL
Die Wasserstoffbrückenbindung

EDUARD HERLT / NIKOLAUS SALIÉ
Spezielle Relativitätstheorie

W. S. LETOCHOW
Laserspektroskopie

HANS LUPPA
Grundlagen der Histochemie
Teil I und II

HORST REMANE / RAINER HERZSCHUH
Massenspektrometrie in der organischen Chemie

J. V. SAČKOV
Wahrscheinlichkeit und Struktur

E. M. SAWIZKI
Perspektiven der Metallforschung

Die Schöpfer der physikalischen Optik
Eine Artikelsammlung

VOLKMAR SCHURICHT
Kernexplosionen für friedliche Zwecke

MICHAEL THEILE
SIEGFRIED SCHERNECK
Zellgenetik

GERHARD WUNSCH
Zellulare Systeme

Vorschau auf die nächsten Bände:

GOTTFRIED FRITZSCHE
Netzwerke
Band 1: Grundlagen und Entwurf passiver Analogzweigpole

LOTHAR JÄGER
Grundlagen der klinischen Immunologie

WOLFGANG MEILING
Digitalrechner in der elektronischen Meßtechnik
Teil I – Meßmethodik
Teil II – Gerätetechnik und Anwendungen

PETER PAUFLER
GUSTAV E. R. SCHULZE
Physikalische Grundlagen mechanischer Festkörpereigenschaften
Teil I und II

ALBRECHT ROST
Messung dielektrischer Stoffeigenschaften

HANS-GEORG SCHÖPF
Von Kirchhoff bis Planck
Theorie der Wärmestrahlung in historisch-kritischer Darstellung

NORBERT SIEBER
HANS-PETER LEIDHOLD
Einführung in die Datenverarbeitung

RENATE WAHSNER
Mensch und Kosmos
Die copernicanische Wende

Wissenschaftliche Taschenbücher WTB

Mathematik · Physik

J. Bellach · P. Franken
E. Warmuth · W. Warmuth

Maß, Integral und bedingter Erwartungswert

Akademie-Verlag · Berlin

WTB

BAND 226

Joachim Bellach / Peter Franken
Elke Warmuth / Walter Warmuth

Maß, Integral und bedingter Erwartungswert

AKADEMIE-VERLAG · BERLIN

Reihe MATHEMATIK UND PHYSIK

Herausgeber:
Prof. Dr. phil. habil. W. Holzmüller, Leipzig
Prof. Dr. phil. habil. A. Lösche, Leipzig
Prof. Dr. phil. habil. H. Reichardt, Berlin
Prof. Dr. phil. habil. K. Schröder, Berlin
Prof. Dr. rer. nat. habil. H.-J. Treder, Potsdam

Verfasser:

Dr. J. Bellach
Prof. Dr. P. Franken
Dr. W. Warmuth
Humboldt-Universität zu Berlin

Dr. E. Warmuth
Zentralinstitut für Mathematik und Mechanik
der Akademie der Wissenschaften der DDR

1978
Erschienen im Akademie-Verlag, 108 Berlin, Leipziger Straße 3—4

Lizenznummer: 202 · 100/416/78
Herstellung: VEB Druckhaus „Maxim Gorki", 74 Altenburg
Bestellnummer: 762 483 0 (7226)
Printed in GDR
DDR 8,— M

Vorwort

Dieses Buch enthält in komprimierter Form alle für das Verständnis der Grundvorlesung Wahrscheinlichkeitstheorie und Mathematische Statistik erforderlichen Begriffe und Fakten aus der Maß- und Integrationstheorie. Diesem Anliegen folgend haben wir uns in den ersten beiden Kapiteln stets bemüht, die Beziehungen des Stoffes zur Wahrscheinlichkeitstheorie deutlich zu machen und so die „Zweckmäßigkeit“ der Begriffe der Maß- und Integrationstheorie für die mathematische Modellierung von Zufallserscheinungen zu demonstrieren.

Im dritten Kapitel werden die Begriffe des bedingten Erwartungswertes und der bedingten Wahrscheinlichkeit sehr ausführlich dargelegt. Erfahrungsgemäß bereitet gerade die Anwendung dieser Begriffe auf konkrete Probleme den Studierenden große Schwierigkeiten. Daher wird neben der Darlegung der formalen Theorie großer Wert auf die Förderung des intuitiven Verständnisses dieser Begriffe und ihrer praktischen Handhabung gelegt. Im Anhang werden einige grundlegende Anwendungen der Theorie des bedingten Erwartungswertes und der bedingten Verteilungen in der Mathematischen Statistik dargelegt.

Das Buch entstand auf der Grundlage von Lehrmaterialien „Integrationstheorie“ und „Theorie des bedingten Erwartungswertes“, die an der Sektion Mathematik der Humboldt-Universität für den internen Gebrauch angefertigt wurden und die sich im Ausbildungsprozeß außerordentlich gut bewährt haben. Wir möchten ausdrücklich betonen, daß die Darlegungen keinen Anspruch auf Originalität erheben. Wir haben uns auf bewährte Lehrbücher und Monographien gestützt, siehe Literaturverzeichnis.

Dem interessierten Leser werden diese Bücher zum tieferen Eindringen in den Stoff empfohlen.

Die Numerierung der Formeln, Beispiele, Bemerkungen und Sätze erfolgt abschnittsweise. Beim Verweisen über einen Abschnitt hinaus bezeichnet z. B. Satz 1.2. den Satz 2 des Abschnittes 1 im laufenden Kapitel, und beim Verweis über ein Kapitel hinaus bezeichnet z. B. Bemerkung 4.2.1. die Bemerkung 1 in Abschnitt 2 des Kapitels 4. Das Ende eines Beweises wird mit dem Zeichen ∎ angezeigt.

Um dem Leser geeignete Trainingsmöglichkeiten zu geben, haben wir in Kapitel 1 und 2 jedem Abschnitt und in Kapitel 3 und 4 am Schluß des Kapitels einige Übungsaufgaben hinzugefügt. Auch die Beweise einiger einfacher Aussagen im Haupttext werden dem Leser überlassen.

Die Kapitel 1 und 2 wurden von P. Franken, E. Warmuth und W. Warmuth, das Kapitel 3 und der Anhang von J. Bellach und P. Franken verfaßt.

Wir möchten an dieser Stelle Herrn Professor O. Bunke für die Anregung, die o. g. Lehrmaterialien zu einem Buch zu überarbeiten, und wertvolle Hinweise für die Gestaltung des Manskripts danken. Wir danken Herrn Dipl.-Math. B.-M. Kirstein für die große Unterstützung bei der Anfertigung des Manuskriptes. Dem Akademie-Verlag gebührt ebenfalls unserer besonderer Dank.

Berlin, Dezember 1977 Die Verfasser

Inhaltsverzeichnis

1. Maßtheorie

1.1. *Mengensysteme*

Wir betrachten einen beliebigen Raum Ω. In diesem Abschnitt werden mathematische Strukturen von Teilmengen von Ω eingeführt, die bezüglich gewisser Mengenoperationen abgeschlossen sind.

Definition 1. Ein System $\mathfrak{A}$ von Teilmengen einer Menge Ω heißt eine *Algebra*, wenn gilt:

1. $\Omega \in \mathfrak{A}$.
2. Aus $A, B \in \mathfrak{A}$ folgt $A \cup B \in \mathfrak{A}$.
3. Aus $A \in \mathfrak{A}$ folgt $\bar{A} \in \mathfrak{A}$, wobei $\bar{A} = \Omega \setminus A$ ist.

Definition 2. Ein System $\mathfrak{F}$ von Teilmengen einer Menge Ω heißt eine *σ-Algebra*, wenn $\mathfrak{F}$ den Bedingungen 1 und 3 der Definition 1 genügt und außerdem gilt:

2'. Ist $\{A_n\}$ eine Folge von Mengen aus $\mathfrak{F}$, so gilt $\bigcup\limits_{n=1}^{\infty} A_n \in \mathfrak{F}$.

Man zeige, daß das *Potenzmengensystem* $\mathfrak{P}(\Omega)$ eine σ-Algebra ist.

Definition 3. Ein System $\mathcal{M}$ von Teilmengen einer Menge Ω heißt ein *monotones System*, wenn folgendes gilt:

1. Für jede nichtfallende Folge $E_1 \subseteq E_2 \subseteq \cdots$ von Mengen aus $\mathcal{M}$ gilt $\bigcup\limits_{n=1}^{\infty} E_n \in \mathcal{M}$.

2. Für jede nichtwachsende Folge $E_1 \supseteq E_2 \supseteq \cdots$ von Mengen aus $\mathcal{M}$ gilt $\bigcap\limits_{n=1}^{\infty} E_n \in \mathcal{M}$.

Lemma 1. *Der Durchschnitt jeder nichtleeren Menge von*

monotonen Systemen, Algebren bzw. σ-Algebren ist wieder ein monotones System, eine Algebra bzw. eine σ-Algebra.

Der Beweis wird dem Leser überlassen.

Auf Grund dieses Lemmas existieren zu jedem System $\mathfrak{R}$ von Teilmengen von Ω ein kleinstes $\mathfrak{R}$ umfassendes monotones System $\mathcal{M}(\mathfrak{R})$, eine kleinste $\mathfrak{R}$ umfassende Algebra $\mathfrak{A}(\mathfrak{R})$ und eine kleinste $\mathfrak{R}$ umfassende σ-Algebra $\sigma(\mathfrak{R})$. Wir nennen diese Strukturen die von $\mathfrak{R}$ *erzeugten Strukturen* und $\mathfrak{R}$ ein *Erzeugendensystem*.

Beispiel 1. Die Menge aller abgeschlossenen Teilmengen des $\mathbb{R}^n$ bzw. die Menge aller offenen Teilmengen des $\mathbb{R}^n$ bildet ein Erzeugendensystem für die σ-Algebra $\mathfrak{B}^n$ der BOREL-*Mengen* des $\mathbb{R}^n$, siehe HALMOS [5], § 37.

Im allgemeinen läßt sich die von einem Mengensystem $\mathfrak{R}$ erzeugte Algebra $\mathfrak{A}(\mathfrak{R})$ nicht konstruktiv angeben. In diesem Zusammenhang ist der folgende Begriff nützlich.

Definition 4. Ein System $\mathcal{H}$ von Teilmengen von Ω heißt eine *Halbalgebra*, wenn gilt:

1. $\emptyset, \Omega \in \mathcal{H}$.
2. Aus $A, B \in \mathcal{H}$ folgt $A \cap B \in \mathcal{H}$.
3. Für $A, B \in \mathcal{H}$ mit $A \subseteq B$ existieren solche disjunkten Mengen $C_1, C_2, \ldots, C_n \in \mathcal{H}$, daß $A \cup \bigcup_{i=1}^{n} C_i = B$ gilt.

Beispiel 2. Im $\mathbb{R}^n$ bilden die Mengen der Gestalt $[a_1, b_1) \times \cdots \times [a_n, b_n)$, wobei $-\infty \leq a_i < b_i \leq +\infty$ ist, eine Halbalgebra.

Satz 1. *Die von einer Halbalgebra $\mathcal{H}$ erzeugte Algebra besteht aus allen Mengen der Gestalt $A = \bigcup_{i=1}^{n} H_i$, wobei H_i paarweise disjunkte Mengen aus $\mathcal{H}$ sind.*

Beweis. Wir betrachten das Mengensystem

$$\mathfrak{A}_0 = \left\{ \bigcup_{i=1}^{n} H_i : H_i \in \mathcal{H}, \text{ paarweise disjunkt} \right\}$$

1. Offensichtlich gilt $\mathcal{H} \subseteq \mathfrak{A}_0 \subseteq \mathfrak{A}(\mathcal{H})$.

2. $\mathfrak{A}_0$ bildet eine Algebra. Seien nämlich $A = \bigcup_{i=1}^{n} H_i$ und $B = \bigcup_{j=1}^{m} H_j'$ aus $\mathfrak{A}_0$. Dann ist $A \cup B = \bigcup_{i=1}^{n} \bigcup_{j=1}^{m} H_i \cap H_j' \in \mathfrak{A}_0$. Da $H_i \subseteq \Omega$, existieren solche disjunkten Mengen $C_k^i \in \mathscr{H}$, daß $\overline{H}_i = \bigcup_{j_i=1}^{n_i} C_{j_i}^i$. Wir erhalten deshalb

$$\bar{A} = \bigcup_{j_1,\ldots,j_n} C_{j_1}^1 \cap \cdots \cap C_{j_n}^n \in \mathfrak{A}_0. \blacksquare$$

Der Übergang von einer Algebra $\mathfrak{A}$ zur erzeugten σ-Algebra läßt sich nur schwierig konstruktiv beschreiben. Statt dessen stützt man sich oft auf die folgenden beiden Hilfssätze.

Lemma 2. *Sei $\mathfrak{A}$ eine Algebra. Dann ist $\mathfrak{A}$ genau dann eine σ-Algebra, wenn $\mathfrak{A}$ ein monotones System ist.*

Beweis. Sei $\mathfrak{A}$ ein monotones System. Wir haben zu zeigen, daß für beliebige Folgen $A_1, A_2, \ldots$ von Mengen aus $\mathfrak{A}$ die Vereinigung $\bigcup_{n=1}^{\infty} A_n$ zu $\mathfrak{A}$ gehört. Es ist aber

$$\bigcup_{n=1}^{\infty} A_n = \bigcup_{n=1}^{\infty} (A_1 \cup \cdots \cup A_n).$$

Die Folge $\{A_1 \cup \cdots \cup A_n\}_{n=1}^{\infty}$ von Mengen aus $\mathfrak{A}$ ist nichtfallend und damit liegt $\bigcup_{n=1}^{\infty} A_n$ in $\mathfrak{A}$. Die umgekehrte Aussage ist offensichtlich. $\blacksquare$

Lemma 3. *Wenn $\mathfrak{A}$ eine Algebra ist, dann gilt $\mathscr{M}(\mathfrak{A}) = \sigma(\mathfrak{A})$.*

Beweis. 1. Die Relation $\mathscr{M}(\mathfrak{A}) \subseteq \sigma(\mathfrak{A})$ folgt aus der Definition.

2. Wegen Lemma 2 reicht es nun zu zeigen, daß $\mathscr{M}(\mathfrak{A})$ eine Algebra ist. Sei

$$\gamma(A) = \{B \subseteq \Omega : B \cup A \in \mathscr{M}(\mathfrak{A}),\ B \setminus A \in \mathscr{M}(\mathfrak{A}),\ A \setminus B \in \mathscr{M}(\mathfrak{A})\},$$

wobei $A \subseteq \Omega$ fest gewählt ist. Das Mengensystem $\gamma(A)$

hat folgende Eigenschaften:

(i) $B \in \gamma(A) \Leftrightarrow A \in \gamma(B)$.

(ii) $\mathfrak{A} \subseteq \gamma(A)$ für $A \in \mathfrak{A}$.

(iii) Für jedes feste A ist $\gamma(A)$ ein monotones System.

Aus (ii) und (iii) folgt, daß für $A \in \mathfrak{A}$

$$\mathcal{M}(\mathfrak{A}) \subseteq \gamma(A)$$

gilt. Daraus folgt nun wegen (i), daß für $B \in \mathcal{M}(\mathfrak{A})$ $\mathfrak{A} \subseteq \gamma(B)$. Wir wenden nochmals (iii) an und schließen auf $\mathcal{M}(\mathfrak{A}) \subseteq \gamma(B)$ für $B \in \mathcal{M}(\mathfrak{A})$, d. h., für jedes $A \in \mathcal{M}(\mathfrak{A})$ liegen $A \cup B$, $A \setminus B$ und $B \setminus A$ in $\mathcal{M}(\mathfrak{A})$. Da $\Omega \in \mathcal{M}(\mathfrak{A})$, folgt sofort, daß $\mathcal{M}(\mathfrak{A})$ eine Algebra ist. ∎

Definition 5. Das Paar $[\Omega, \mathfrak{F}]$, bestehend aus einer Menge Ω und einer σ-Algebra $\mathfrak{F}$ von Teilmengen von Ω, nennt man *meßbaren Raum*. Die Mengen aus $\mathfrak{F}$ heißen *meßbare Mengen*.

Aufgaben

1. Man zeige, daß die Vereinigung einer Folge von Algebren $\mathfrak{A}_1, \mathfrak{A}_2, \ldots$ wieder eine Algebra ist, wenn gilt: Für alle $\mathfrak{A}_i, \mathfrak{A}_j$ existiert ein $\mathfrak{A}_k$ mit $\mathfrak{A}_i, \mathfrak{A}_j \subseteq \mathfrak{A}_k$. Man gebe ein Beispiel dafür an, daß diese Bedingung notwendig ist.
2. Sei $X_1 \subseteq \Omega$. Für eine beliebige Mengenfamilie $\mathfrak{R}$ in Ω definiert man
$$\mathfrak{R} \cap X_1 = \{E \cap X_1 : E \in \mathfrak{R}\}.$$
Zeigen Sie
$$\sigma(\mathfrak{R} \cap X_1) = \sigma(\mathfrak{R}) \cap X_1.$$
3. $\mathfrak{R}$ sei die Familie aller konvexen Mengen im $\mathbb{R}^2$. Untersuchen Sie, ob $\mathfrak{R}$
a. eine σ-Algebra
b. eine Algebra
c. ein monotones System ist.
4. Für eine beliebige Folge $\{E_n\}$ von Mengen kann man $\underline{\lim}_{n\to\infty} E_n$ und $\overline{\lim}_{n\to\infty} E_n$ als die Mengen definieren, deren

Indikatorfunktionen $\underline{\lim}_{n\to\infty} I_{E_n}$ bzw. $\overline{\lim}_{n\to\infty} I_{E_n}$ sind. Davon ausgehend zeige man, daß

$$\overline{\lim_{n\to\infty}} E_n = \bigcap_{k=1}^{\infty} \bigcup_{n=k}^{\infty} E_n \text{ und } \underline{\lim}_{n\to\infty} E_n = \bigcup_{k=1}^{\infty} \bigcap_{n=k}^{\infty} E_n$$

gelten (siehe Definition 2.1.1.).

5. Man nennt eine Mengenfolge $\{E_n\}$ konvergent, wenn $\overline{\lim}_{n\to\infty} E_n = \underline{\lim}_{n\to\infty} E_n$ gilt.
 Man finde in einem beliebigen Raum Ω eine Mengenfolge $\{E_n\}$ mit $\underline{\lim}_{n\to\infty} E_n = \emptyset$ und $\overline{\lim}_{n\to\infty} E_n = \Omega$.
6. $\mathscr{C}$ sei eine Algebra von Mengen aus Ω. Zeigen Sie, daß

$$\mathscr{C}_1 = \{E \subseteq \Omega\colon \text{es existiert eine Folge } \{E_n\},$$
$$E_n \in \mathscr{C}, \text{ so daß } E = \lim_{n\to\infty} E_n\}$$

 ebenfalls eine Algebra ist.
7. $\mathscr{C}_n$ seien Algebren von Mengen mit der Eigenschaft $\mathscr{C}_1 \subseteq \mathscr{C}_2 \subseteq \cdots$
 Man zeige, daß auch $\bigcup_{n=1}^{\infty} \mathscr{C}_n$ eine Algebra ist. Ist die Monotonie notwendig?
8. Seien $f\colon \Omega \to \Omega'$ eine Funktion und $\mathscr{N}$ eine Familie von Untermengen von Ω'. Man zeige

$$\sigma(f^{-1}(\mathscr{N})) = f^{-1}(\sigma(\mathscr{N})).$$

9. Man zeige, daß die von allen abgeschlossenen Intervallen auf $\mathbb{R}^1$ erzeugte σ-Algebra gleich $\mathfrak{B}^1$ ist.
10. Eine Teilmenge A des $\mathbb{R}^1$ heißt symmetrisch zum Nullpunkt, wenn mit x auch $-x$ in A enthalten ist.
 Man zeige, daß die Familie aller zum Nullpunkt symmetrischen Borel-Mengen aus $\mathfrak{B}^1$ eine σ-Algebra bildet.
11. Man zeige mit Hilfe von Lemma 3, daß die Mengensysteme $\{(-\infty, a) : a \in \mathbb{R}^1\}$, $\{(-\infty, a] : a \in \mathbb{R}^1\}$, $\{(a, +\infty) : a \in \mathbb{R}^1\}$ und $\{[a, +\infty) : a \in \mathbb{R}^1\}$ Erzeugendensysteme für $\mathfrak{B}^1$ sind.

1.2. *Maße*

Sei $\mathfrak{A}$ eine Algebra von Teilmengen von Ω.

Definition 1. Eine Abbildung $m: \mathfrak{A} \to [0, +\infty]$ heißt ein *Quasimaß* auf $\mathfrak{A}$, wenn folgende Bedingungen erfüllt sind:

1. $m(\emptyset) = 0$.
2. (Additivität) Für jede endliche Folge $A_1, \ldots, A_n$ paarweise disjunkter Mengen aus $\mathfrak{A}$ gilt

$$m\left(\bigcup_{k=1}^{n} A_k\right) = \sum_{k=1}^{n} m(A_k).$$

Ein Quasimaß besitzt folgende Eigenschaften:

1. (Monotonie) $m(A) \leqq m(B)$ für $A \subseteq B$, $A, B \in \mathfrak{A}$.
2. $m(B \setminus A) = m(B) - m(A)$.

Man beweise diese Eigenschaften.

Quasimaße auf Algebren sind ein geeignetes Hilfsmittel bei der Konstruktion von Maßen. Sei $\mathfrak{F}$ eine σ-Algebra von Teilmengen von Ω.

Definition 2. Eine Abbildung $\mu: \mathfrak{F} \to [0, +\infty]$ heißt ein *Maß* auf $\mathfrak{F}$, wenn folgende Bedingungen erfüllt sind:

1. $\mu(\emptyset) = 0$.
2. (σ-Additivität) Für jede Folge $\{A_n, n \in \mathbb{N}\}$ paarweise disjunkter Mengen aus $\mathfrak{F}$ gilt

$$\mu\left(\bigcup_{n=0}^{\infty} A_n\right) = \sum_{n=0}^{\infty} \mu(A_n).$$

Definition 3. Ein Maß μ auf $\mathfrak{F}$ heißt *σ-endlich*, wenn eine meßbare Zerlegung von Ω, d. h. ein Mengensystem $\{H_1, H_2, \ldots\}$ mit $H_i \in \mathfrak{F}$, $H_i \cap H_j = \emptyset$ für $i \neq j$ und $\bigcup_{i=1}^{\infty} H_i = \Omega$, existiert, so daß $\mu(H_i) < +\infty$ für alle i gilt.

Ein Maß μ auf $\mathfrak{F}$ heißt *endlich*, wenn $\mu(\Omega) < +\infty$ ist.

Ein endliches Maß μ mit $\mu(\Omega) = 1$ heißt *Wahrschein-*

lichkeitsmaß (*W-Maß*). W-Maße bezeichnen wir in der Regel mit P.

Sei μ ein Maß auf $\mathfrak{F}$ und $\mathfrak{F}_1$ eine σ-Unteralgebra von $\mathfrak{F}$. Als *Einschränkung* $\mu|_{\mathfrak{F}_1}$ von μ auf $\mathfrak{F}_1$ bezeichnet man das Maß

$$\mu|_{\mathfrak{F}_1}(B) = \mu(B), \qquad B \in \mathfrak{F}_1.$$

Beispiel 1. Sei $\Omega = \{\omega_1, \omega_2, \ldots\}$ ein Raum mit abzählbar vielen Elementen und $\mathfrak{F} = \mathfrak{P}(\Omega)$ das Potenzmengensystem. Wir ordnen jedem $\omega \in \Omega$ eine nichtnegative reelle Zahl $p(\omega)$ zu. Dann wird vermöge

$$\mu(A) = \sum_{\omega_k \in A} p(\omega_k), \qquad A \subseteq \Omega,$$

ein Maß auf $\mathfrak{F}$ definiert.
Im Fall $p(\omega) = 1$ für alle ω erhalten wir das sogenannte Zählmaß. Das Maß jeder Menge ist gleich ihrer Mächtigkeit. Dieses Maß ist σ-endlich. (Man wähle als meßbare Zerlegung $H_i = \{\omega_i\}$.)

Konvergiert die Summe $\sum_{\omega \in \Omega} p(\omega)$ gegen ein $p < \infty$, dann ist μ ein endliches Maß. Normiert man dieses Maß, indem man $p(\omega)$ durch $\dfrac{p(\omega)}{p}$ ersetzt, so erhält man ein diskretes W-Maß.

Beispiel 2. Sei $[\Omega, \mathfrak{F}]$ ein meßbarer Raum und $\omega \in \Omega$. Offenbar wird vermöge

$$\delta_\omega(A) = \begin{cases} 1, & \text{falls } \omega \in A, \\ 0 & \text{sonst} \end{cases}$$

ein Maß δ_ω auf $\mathfrak{F}$ definiert (*δ-Maß* oder DIRAC-*Maß*).

Es entsteht die Frage, wann sich ein Quasimaß m auf einer Algebra $\mathfrak{A}$ zu einem Maß μ auf einer σ-Algebra $\mathfrak{F} \supseteq \mathfrak{A}$ fortsetzen läßt, d. h., wann ein Maß μ auf $\mathfrak{F}$ existiert mit der Eigenschaft

$$\mu(A) = m(A) \quad \text{für alle } A \in \mathfrak{A}. \tag{1}$$

Offensichtlich ist die folgende Bedingung notwendig.

Wenn $\{A_n\}$ eine beliebige Folge paarweise disjunkter Mengen aus $\mathfrak{A}$ mit $\bigcup_{n=1}^{\infty} A_n \in \mathfrak{A}$ ist, dann gilt

$$m\left(\bigcup_{n=1}^{\infty} A_n\right) = \sum_{n=1}^{\infty} m(A_n)$$

(σ-Additivität auf $\mathfrak{A}$). Der folgende Fortsetzungssatz zeigt, daß diese Bedingung auch hinreichend ist.

Satz 1 (Fréchet-Nikodym). 1. *Ein Quasimaß m auf einer Algebra $\mathfrak{A}$ läßt sich genau dann zu einem Maß μ auf einer σ-Algebra $\mathfrak{F} \supseteq \mathfrak{A}$ fortsetzen, wenn m auf $\mathfrak{A}$ σ-additiv ist.*

2. *Die Fortsetzung μ ist eindeutig, wenn m σ-endlich ist. In diesem Fall ist μ ebenfalls σ-endlich.*

Bevor wir den Beweis dieses Satzes führen, stellen wir einige Hilfsmittel bereit.

Definition 4. Eine Abbildung $p: \mathfrak{P}(\Omega) \to [0, +\infty]$ heißt ein *äußeres Maß*, wenn gilt:

1. $p(\emptyset) = 0$.
2. Aus $A \subseteq B$ folgt $p(A) \leqq p(B)$ für $A, B \in \mathfrak{P}(\Omega)$.
3. (Subadditivität) Für jede Folge $\{A_n, n \in \mathbb{N}\}$ von Mengen aus $\mathfrak{P}(\Omega)$ gilt

$$p\left(\bigcup_{n=0}^{\infty} A_n\right) \leqq \sum_{n=0}^{\infty} p(A_n).$$

Definition 5. Sei p ein äußeres Maß. Eine Menge $A \in \mathfrak{P}(\Omega)$ heißt *p-meßbar*, wenn für alle $E \in \mathfrak{P}(\Omega)$ gilt

$$p(E) = p(E \cap A) + p(E \cap \bar{A}).$$

Die Menge aller p-meßbaren Mengen bezeichnen wir mit $\mathfrak{M}_p$.

Bemerkung 1. In der Definition 5 reicht es zu fordern

$$p(E) \geqq p(E \cap A) + p(E \cap \bar{A}),$$

da die andere Ungleichung aus der Definition 4 folgt.

Satz 2. *$\mathfrak{M}_p$ ist eine σ-Algebra und die Einschränkung von p auf $\mathfrak{M}_p$ ist ein Maß auf $\mathfrak{M}_p$.*

Beweis. 1. Die Definition 5 ist symmetrisch in A und $\bar{A}$, also gehört mit A auch $\bar{A}$ zu $\mathfrak{M}_p$.

2. Seien $A, B \in \mathfrak{M}_p$ und $E \in \mathfrak{P}(\Omega)$. Wir haben

$$p(E) = p(E \cap A) + p(E \cap \bar{A})$$

und

$$p(E \cap A) = p(E \cap A \cap B) + p(E \cap A \cap \bar{B}).$$

Daraus folgt

$$\begin{aligned} p(E) &= p(E \cap A \cap B) + p(E \cap A \cap \bar{B}) + p(E \cap \bar{A} \cap B) \\ &\quad + p(E \cap \bar{A} \cap \bar{B}) \\ &\geqq p(E \cap A \cap B) + p\big(E \cap \overline{(A \cap B)}\big), \end{aligned}$$

also $A \cap B \in \mathfrak{M}_p$. Ebenso zeigt man $A \cup B \in \mathfrak{M}_p$.

3. Seien $A_1, A_2, \ldots, A_n \in \mathfrak{M}_p$ und paarweise disjunkt, $E \in \mathfrak{P}(\Omega)$. Man zeigt durch Induktion über n die Gültigkeit der Beziehung

$$p\left(E \cap \bigcup_{k=1}^{n} A_k\right) = \sum_{k=1}^{n} p(E \cap A_k).$$

Daraus erhalten wir

$$p\left(E \cap \bigcup_{k=1}^{\infty} A_k\right) \geqq p\left(E \cap \bigcup_{k=1}^{n} A_k\right) = \sum_{k=1}^{n} p(E \cap A_k)$$

und durch Grenzübergang $n \to \infty$

$$p\left(E \cap \bigcup_{k=1}^{\infty} A_k\right) \geqq \sum_{k=1}^{\infty} p(E \cap A_k).$$

Die entgegengesetzte Ungleichung folgt aus Definition 4. Da $\bigcup_{k=1}^{n} A_k \in \mathfrak{M}_k$ (analog zum 2. Beweisschritt) gilt, haben wir

$$\begin{aligned} p(E) &= p\left(E \cap \bigcup_{k=1}^{n} A_k\right) + p\left(E \setminus \bigcup_{k=1}^{n} A_k\right) \\ &\geqq p\left(E \cap \bigcup_{k=1}^{n} A_k\right) + p\left(E \setminus \bigcup_{k=1}^{\infty} A_k\right) \\ &= \sum_{k=1}^{n} p(E \cap A_k) + p\left(E \setminus \bigcup_{k=1}^{\infty} A_k\right) \end{aligned}$$

und für $n \to \infty$

$$p(E) \geq \sum_{k=1}^{\infty} p(E \cap A_k) + p\left(E \setminus \bigcup_{k=1}^{\infty} A_k\right)$$
$$= p\left(E \cap \bigcup_{k=1}^{\infty} A_k\right) + p\left(E \setminus \bigcup_{k=1}^{\infty} A_k\right).$$

Also gehört auch $\bigcup_{k=1}^{\infty} A_k$ zu $\mathfrak{M}_p$. Damit ist $\mathfrak{M}_p$ eine σ-Algebra.

4. Es bleibt zu zeigen, daß $p|_{\mathfrak{M}_p} = \mu$ ein Maß auf $\mathfrak{M}_p$ ist. Seien A_k, $k = 1, 2, \ldots$, paarweise disjunkte Mengen aus $\mathfrak{M}_p$. Für alle $E \subset \mathfrak{M}_p$ gilt wegen 3.

$$p\left(E \cap \bigcup_{k=1}^{\infty} A_k\right) = \sum_{k=1}^{\infty} p(E \cap A_k).$$

Wir setzen $E = \Omega$ und erhalten

$$p\left(\bigcup_{k=1}^{\infty} A_k\right) = \sum_{k=1}^{\infty} p(A_k). \blacksquare$$

Wir kommen nun zum Beweis von Satz 1. Er verläuft in folgenden Schritten:

1. Ein äußeres Maß p auf $\mathfrak{P}(\Omega)$ wird definiert.
2. Man zeigt $p|_{\mathfrak{A}} = m$.
3. Man zeigt $\mathfrak{M}_p \supseteq \mathfrak{A}$.
4. Man setzt $\mu = p|_{\mathfrak{M}_p}$ und $\mathfrak{F} = \mathfrak{M}_p$.
5. Eindeutigkeitsbeweis.

1. Schritt: Sei $A \in \mathfrak{P}(\Omega)$ und $\{E_n\}$ eine $\mathfrak{A}$-Überdeckung von A, d. h. $E_n \in \mathfrak{A}$ und $A \subseteq \bigcup_{n=1}^{\infty} E_n$. Wir setzen

$$p(A) = \inf \sum_{n=1}^{\infty} m(E_n),$$

wobei sich das Infimum über alle $\mathfrak{A}$-Überdeckungen erstreckt. Eines Beweises bedarf die Subadditivität von p. Sei $A_1, A_2, \ldots$ eine Folge von Mengen aus $\mathfrak{P}(\Omega)$. Wir können o. B. d. A. annehmen $p(A_k) < \infty$ für alle k. Zu jedem $\varepsilon > 0$ finden wir dann eine $\mathfrak{A}$-Überdeckung von A_k, so daß

$$A_k \subseteq \bigcup_{n=1}^{\infty} E_{n,k} \quad \text{und} \quad \sum_{n=1}^{\infty} m(E_{n,k}) < p(A_k) + \frac{\varepsilon}{2^k}$$

gilt. Dann ist

$$\bigcup_{k=1}^{\infty} A_k \subseteq \bigcup_{k=1}^{\infty} \bigcup_{n=1}^{\infty} E_{n,k}$$

und

$$p\left(\bigcup_{k=1}^{\infty} A_k\right) \leqq \sum_{k=1}^{\infty} \sum_{n=1}^{\infty} m(E_{n,k}) \leqq \sum_{k=1}^{\infty} p(A_k) + \sum_{k=1}^{\infty} \frac{\varepsilon}{2^k}$$
$$= \sum_{k=1}^{\infty} p(A_k) + \varepsilon .$$

Für $\varepsilon \to 0$ ergibt sich die geforderte Ungleichung.

2. Schritt: Sei $A \in \mathfrak{A}$. Dann ist offensichtlich $p(A) \leqq m(A)$. Sei $A \subseteq \bigcup_{n=1}^{\infty} E_n$, $E_n \in \mathfrak{A}$. Wir erhalten durch

$$A = \bigcup_{n=1}^{\infty} (A \cap E_n) = \bigcup_{n=1}^{\infty} \{(A \cap E_n) \setminus A \cap (E_1 \cup \cdots \cup E_{n-1})\}$$

eine Darstellung von A als Vereinigung paarweise disjunkter Mengen aus $\mathfrak{A}$. Also ist wegen der σ-Additivität von m auf $\mathfrak{A}$

$$m(A) = \sum_{n=1}^{\infty} m\big((A \cap E_n) \setminus (A \cap (E_1 \cup \cdots \cup E_{n-1}))\big)$$
$$\leqq \sum_{n=1}^{\infty} m(E_n) .$$

Wir bilden das Infimum über alle $\mathfrak{A}$-Überdeckungen und erhalten $m(A) \leqq p(A)$.

3. Schritt: Sei $A \in \mathfrak{A}$ und $E \in \mathfrak{P}(\Omega)$. Wir haben zu zeigen

$$p(E) \geqq p(E \cap A) + p(E \cap \bar{A}) .$$

Sei $E \subseteq \bigcup_{n=1}^{\infty} E_n$, $E_n \in \mathfrak{A}$. Es gilt

$$\sum_{n=1}^{\infty} m(E_n) = \sum_{n=1}^{\infty} \{m(E_n \cap A) + m(E_n \cap \bar{A})\}$$
$$\geqq p(E \cap A) + p(E \cap \bar{A})$$

wegen

$$E \cap A \subseteq A \cap \bigcup_{n=1}^{\infty} E_n$$

und

$$E \cap \bar{A} \subseteq \bigcup_{n=1}^{\infty} E_n \cap \bar{A}\,.$$

Damit ist aber auch $p(E) \geqq p(E \cap A) + p(E \cap \bar{A})$.

5. Schritt: Wir zeigen die Eindeutigkeit für endliche Quasimaße und überlassen den Rest des Beweises dem Leser.

Seien μ_1, μ_2 zwei Fortsetzungen von m zu einem Maß auf $\sigma(\mathfrak{A})$. Wir betrachten das Mengensystem

$$\mathcal{M} = \{E \in \sigma(\mathfrak{A}) : \mu_1(E) = \mu_2(E)\}\,.$$

Da μ_1 und μ_2 Fortsetzungen von m sind, gilt

$$\mathfrak{A} \subseteq \mathcal{M}\,.$$

Für eine monotone Folge $E_1 \subseteq E_2 \subseteq \cdots$ von Mengen aus $\mathcal{M}$ gilt

$$\mu_1\left(\bigcup_{n=1}^{\infty} E_n\right) = \lim_{n\to\infty} \mu_1(E_n) = \lim_{n\to\infty} \mu_2(E_n) = \mu_2\left(\bigcup_{n=1}^{\infty} E_n\right),$$

also ist $\bigcup_{n=1}^{\infty} E_n \in \mathcal{M}$. Analog beweist man dies für monoton fallende Folgen. (Dabei wird die Endlichkeit von m ausgenutzt!) Also ist $\mathcal{M}$ ein monotones System. Da es $\mathfrak{A}$ enthält, muß $\mathcal{M}(\mathfrak{A}) \subseteq \mathcal{M}$ gelten. Aus Lemma 1.3 folgt schließlich $\sigma(\mathfrak{A}) = \mathcal{M}$. ∎

Beispiel 3. Sei $\Omega = \mathbb{R}^1$. Auf $\mathfrak{P}(\Omega)$ definieren wir ein äußeres Maß

$$p(A) = \inf \sum_{k=1}^{\infty} |I_k|, \qquad A \subseteq \mathbb{R}^1,$$

wobei $\{I_k\}$ eine Überdeckung der Menge $A \subseteq \mathbb{R}^1$ durch beschränkte abgeschlossene Intervalle ist. $|I|$ bezeichnet die Intervallänge von I, und das Infimum wird über alle solche Überdeckungen genommen. Wenn man für dieses äußere Maß die σ-Algebra $\mathfrak{M}_p$ betrachtet, dann erhält man gerade die LEBESGUE-meßbaren Mengen, und $p|_{\mathfrak{M}_p}$ ist das LEBESGUE-Maß λ auf $\mathbb{R}^1$. Die BOREL-Mengen $\mathfrak{B}^1$ sind in $\mathfrak{M}_p$ enthalten.

Definition 6. Das Tripel $[\Omega, \mathfrak{F}, \mu]$, bestehend aus einer Menge Ω, einer σ-Algebra $\mathfrak{F}$ und einem Maß μ auf $\mathfrak{F}$, nennt man einen *Maßraum*.

Der Maßraum $[\Omega, \mathfrak{F}, \mu]$ heißt *vollständig*, wenn aus $\mu(A) = 0$, $B \subseteq A$, $A \in \mathfrak{F}$, folgt $B \in \mathfrak{F}$ und folglich $\mu(B) = 0$. Ein beliebiger Maßraum läßt sich stets vervollständigen (siehe Aufgabe 3).

Bemerkung. Nicht jedes Maß μ auf einem meßbaren Raum $[X, \mathfrak{F}]$ läßt sich zu einem Maß auf einer größeren σ-Algebra $\mathfrak{F}_1 \supseteq \mathfrak{F}$ fortsetzen.

Beispiel 4. Aus einem Satz von ULAM (1930) folgt, daß kein atomloses Maß (d. h. kein Maß μ mit $\mu(\{x\}) = 0$ für alle $x \in X$) auf der Potenzmengen-σ-Algebra eines Raumes der Mächtigkeit $\aleph_1$ existiert. Unter der Kontinuumhypothese kann also das LEBESGUE-Maß auf $[0, 1]$ nicht zu einem Maß auf $\mathfrak{P}([0, 1])$ fortgesetzt werden.

Manchmal ist folgendes Kriterium nützlich:

Satz 3. *Sei m ein Quasimaß auf einer Algebra $\mathfrak{A}$. Man betrachte folgende Eigenschaften:*

1. *m ist σ-additiv auf $\mathfrak{A}$.*

2. (*Stetigkeit von unten*) *Für jede Folge* $\{A_n\}$ *von Mengen aus* $\mathfrak{A}$ *mit* $A_n \subseteq A_{n+1}$ *und* $\bigcup_{n=1}^{\infty} A_n = A \in \mathfrak{A}$ *gilt*

$$\lim_{n\to\infty} m(A_n) = m(A).$$

3. (*Stetigkeit von oben*) *Für jede Folge* $\{A_n\}$ *von Mengen aus* $\mathfrak{A}$ *mit* $A_n \supseteq A_{n+1}$, $\bigcap_{n=1}^{\infty} A_n = A$ *und* $m(A_{n_0}) < \infty$ *für ein* n_0 *gilt*

$$\lim_{n\to\infty} m(A_n) = m(A).$$

4. (0-*Stetigkeit*) *Für jede Folge* $\{A_n\}$ *von Mengen aus* $\mathfrak{A}$ *mit* $A_n \supseteq A_{n+1}$, $\bigcap_{n=1}^{\infty} A_n = \emptyset$ *und* $m(A_{n_0}) < \infty$ *für ein* n_0 *gilt*

$$\lim_{n\to\infty} m(A_n) = 0.$$

Dann bestehen die folgenden Implikationen:

1. $\Leftrightarrow$ 2. $\Rightarrow$ 3. $\Rightarrow$ 4.

Ist m *auf* $\mathfrak{A}$ *endlich* (*d. h.* $m(A) < \infty$ *für alle* $A \in \mathfrak{A}$), *so sind die Eigenschaften* 1. *bis* 4. *sogar äquivalent.*

Beweis. 1. $\Rightarrow$ 2.: Sei $\{A_n\}$ eine Folge von Mengen aus $\mathfrak{A}$. Es kann $A_1 = \emptyset$ angenommen werden. Dann sind $B_n = A_n \setminus A_{n-1}$, $n = 2, 3, \ldots$, paarweise disjunkte Mengen aus $\mathfrak{A}$ mit

$$A = \bigcup_{n=2}^{\infty} B_n \quad \text{und} \quad A_n = B_2 \cup \cdots \cup B_n.$$

Wegen der σ-Additivität von m ist daher

$$m(A) = \sum_{n=2}^{\infty} m(B_n) = \lim_{n\to\infty} \sum_{i=2}^{n} m(B_i) = \lim_{n\to\infty} m(A_n).$$

2. $\Rightarrow$ 1.: Es sei $\{A_n\}$ eine Folge paarweise disjunkter Mengen aus $\mathfrak{A}$ mit $A = \bigcup_{n=1}^{\infty} A_n \in \mathfrak{A}$. Wir setzen $B_n = A_1 \cup \cdots \cup A_n$. Dann gilt $B_n \uparrow A$ und daher

$m(A) = \lim_{n\to\infty} m(B_n)$. Wegen der endlichen Additivität von m ist $m(B_n) = m(A_1) + \cdots + m(A_n)$ und daher $m(A) = \sum_{n=1}^{\infty} m(A_n)$.

2. $\Rightarrow$ 3.: Es sei $A_n \supseteq A_{n+1}$ und $m(A_{n_0}) < \infty$. Für alle $n \geqq n_0$ gilt dann $m(A_{n_0} \setminus A_n) = m(A_{n_0}) - m(A_n)$. Aus $A_n \downarrow A$ folgt $A_{n_0} \setminus A_n \uparrow A_{n_0} \setminus A$. Nach 2. ist somit

$$m(A_{n_0} \setminus A) = \lim_{n\to\infty} m(A_{n_0} \setminus A_n) = m(A_{n_0}) - \lim_{n\to\infty} m(A_n).$$

Wegen $A \subseteq A_{n_0}$ ist $m(A) < \infty$ und somit $m(A_{n_0} \setminus A) = m(A_{n_0}) - m(A)$.

3. $\Rightarrow$ 4.: Ist trivial.

Der Rest des Beweises wird dem Leser überlassen. ∎

Wir kommen nun zu einer einfachen Anwendung des Satzes 1. Dazu benötigen wir folgende

Definition 7. Sei μ ein W-Maß auf $\mathfrak{B}^1$. Die durch

$$F_\mu(x) = \mu\big((-\infty, x)\big)$$

definierte reelle Funktion F_μ auf $\mathbb{R}^1$ heißt *Verteilungsfunktion* von μ.

Satz 4. *Eine reelle Funktion F auf $\mathbb{R}^1$ ist genau dann Verteilungsfunktion eines W-Maßes μ auf $\mathfrak{B}^1$, wenn gilt:*

1. *F ist linksseitig stetig.*
2. *F ist nichtfallend.*
3. $\lim_{x\to-\infty} F(x) = 0$, $\lim_{x\to+\infty} F(x) = 1$.

Das W-Maß μ auf $\mathfrak{B}^1$ mit $F_\mu = F$ ist eindeutig bestimmt.

Beweis. Sei $\mathscr{H}$ die Halbalgebra aller Intervalle $[a, b)$, $(-\infty, a)$, $[b, +\infty)$ mit $-\infty < a, b < +\infty$. Dann hat nach Satz 1.1. $\mathfrak{A}(\mathscr{H})$ die Gestalt

$$\mathfrak{A}(\mathscr{H}) = \left\{A \in \mathfrak{B}^1 : A = \bigcup_{k=1}^{n} E_k, E_k \in \mathscr{H} \text{ paarweise disjunkt}\right\}.$$

Wir definieren nun ein Quasimaß $\tilde{\mu}$ auf $\mathfrak{A}(\mathscr{H})$:

$$\tilde{\mu}\big([a, b)\big) = F(b) - F(a),$$

$$\tilde{\mu}\big((-\infty, a)\big) = F(a),$$

$$\tilde{\mu}\big([b, +\infty)\big) = 1 - F(b)$$

und

$$\tilde{\mu}\left(\bigcup_{k=1}^{n} E_k\right) = \sum_{k=1}^{n} \tilde{\mu}(E_k)$$

für paarweise disjunkte E_k aus $\mathscr{H}$.

Man sieht leicht ein, daß diese Definition korrekt ist (d. h. nicht von der Wahl der Darstellung von $A \in \mathfrak{A}(\mathscr{H})$ als Summe von E_k abhängt) und tatsächlich zu einem Quasimaß $\tilde{\mu}$ auf $\mathfrak{A}(\mathscr{H})$ führt, das außerdem endlich ist. Wir zeigen nun, daß $\tilde{\mu}$ auf $\mathfrak{A}(\mathscr{H})$ σ-additiv ist. Wegen Satz 3 reicht es dazu aus, die 0-Stetigkeit zu zeigen. Sei $\{A_n\}$ eine Folge von Mengen aus $\mathfrak{A}(\mathscr{H})$ mit $A_n \supseteq A_{n+1}$ und $\bigcap_{n=1}^{\infty} A_n = \emptyset$. Wir nehmen an $\tilde{\mu}(A_n) \downarrow \delta > 0$. Aus der linksseitigen Stetigkeit von F folgt, daß für jedes $\varepsilon > 0$ ein $x \in (a, b)$ existiert, mit $\tilde{\mu}\big([a, b)\big) - \tilde{\mu}\big([a, x)\big) < \varepsilon$. Im weiteren können wir o. B. d. A. annehmen, daß die Mengen A_n beschränkt sind. Da jedes A_n die Vereinigung endlich vieler paarweise disjunkter Intervalle der Gestalt $[a, b)$ ist, kann durch entsprechendes Verkleinern dieser Intervalle eine Folge von Mengen B_n gefunden werden mit

$$B_n \supseteq B_{n+1}, \quad B_n{}^c \subseteq A_n$$

und

$$\tilde{\mu}(B_n) \geqq \tilde{\mu}(A_n) - \sum_{r=1}^{n} \frac{\delta}{2^{r+1}}.$$

(Wir bezeichnen mit A^c die Abschließung einer Menge A.)

Da $\tilde{\mu}(A_n) \geqq \delta$ für alle n ist, folgt hieraus $\tilde{\mu}(B_n) \geqq \dfrac{\delta}{2} > 0$. Damit ist $B_n \neq \emptyset$ und erst recht $B_n{}^c \neq \emptyset$.

Nach dem Satz von Cantor für monotone Folgen kompakter Mengen kann dann $\bigcap_{n=1}^{\infty} B_n^c$ nicht leer sein. Wegen $\bigcap_{n=1}^{\infty} B_n^c \subseteq \bigcap_{n=1}^{\infty} A_n = \emptyset$ haben wir somit die Annahme $\tilde{\mu}(A_n) \downarrow \delta > 0$ zum Widerspruch geführt. $\tilde{\mu}$ ist also ein σ-additives endliches Quasimaß auf $\mathfrak{A}(\mathscr{H})$. Nach Satz 1 läßt es sich auf genau eine Weise zu einem Maß μ auf $\mathfrak{B}^1$ fortsetzen. Nach Konstruktion ist $F_\mu = F$. ∎

Mit Hilfe meßbarer Abbildungen können auch Maße abgebildet werden.

Definition 8. Es seien $[\Omega, \mathfrak{F}]$ und $[\Omega', \mathfrak{F}']$ meßbare Räume und $f: \Omega \to \Omega'$ eine Abbildung von Ω in Ω'. f heißt *meßbare Abbildung*, wenn gilt

$$f^{-1}(A') \in \mathfrak{F} \quad \text{für alle } A' \in \mathfrak{F}'.$$

Symbolisch schreiben wir dafür auch

$$f: [\Omega, \mathfrak{F}] \to [\Omega', \mathfrak{F}'].$$

Falls Mehrdeutigkeiten entstehen können, schreiben wir auch $(\mathfrak{F}, \mathfrak{F}')$-meßbar oder $\mathfrak{F}$-meßbar.

Satz 5. *Es sei $f: [\Omega, \mathfrak{F}] \to [\Omega', \mathfrak{F}']$ eine meßbare Abbildung. Dann wird für jedes Maß μ auf $\mathfrak{F}$ durch*

$$A' \to \mu(f^{-1}(A'))$$

ein Maß μ' auf $\mathfrak{F}'$ definiert.

Der Beweis wird dem Leser überlassen.

Definition 9. Das Maß μ' heißt das *Bild* von μ bei der Abbildung f und wird durch μ_f bezeichnet.

Bemerkung 2. Der Begriff des Maßraumes ist von entscheidender Bedeutung in der *Wahrscheinlichkeitstheorie*. Die Wahrscheinlichkeitstheorie befaßt sich mit der *mathematischen Modellierung* von *Experimenten mit zufälligem Ausgang*. Unter einem Experiment $\mathscr{E}$ mit zufälligem Ausgang verstehen wir ein Experiment, das unter den gleichen Bedingungen beliebig oft wiederholbar ist, wobei

bei den Wiederholungen unterschiedliche Ergebnisse auftreten können. Jedem solchen Experiment wird zunächst der sogenannte *Raum der Elementarereignisse* zugeordnet. Darunter versteht man eine beliebige Menge Ω der sich gegenseitig ausschließenden Ausgänge des Experiments, so daß jedes uns unteressierende Resultat des Experiments eindeutig als eine Teilmenge von Ω beschrieben werden kann. Die Elemente ω von Ω nennt man in der Wahrscheinlichkeitstheorie *Elementarereignisse.* Bei der axiomatischen Definition der Wahrscheinlichkeit von Ereignissen, die auf A. N. Kolmogorow zurückgeht, geht man von der Tatsache aus, daß die relative Häufigkeit des Auftretens eines Ereignisses bei zunehmender Anzahl der Wiederholungen des Experiments gegen einen Grenzwert konvergiert. Die relativen Häufigkeiten nehmen nur Werte zwischen 0 und 1 an. Außerdem verhalten sie sich additiv. Dies und die rein mathematisch begründete Stetigkeitsforderung führen zur Einführung der *Wahrscheinlichkeit* als ein W-Maß P auf einer geeigneten σ-Algebra $\mathfrak{F}$ von Teilmengen von Ω. Die Mengen aus $\mathfrak{F}$ nennt man in der Wahrscheinlichkeitstheorie *Ereignisse.* Die Auswahl der σ-Algebra $\mathfrak{F}$ wird durch das Wesen des Experiments und die Struktur von Ω bestimmt. Es kann durchaus vorkommen, daß nicht alle interessierenden Teilmengen von Ω meßbar sind (vgl. Beispiel 4). Das Tripel $[\Omega, \mathfrak{F}, \mathsf{P}]$ ist das mathematische Modell zur Beschreibung eines Experiments mit zufälligem Ausgang. Man bezeichnet $[\Omega, \mathfrak{F}, \mathsf{P}]$ als *Wahrscheinlichkeitsraum.*

Aufgaben

1. Sei $\mathbb{N} = \{0, 1, 2, \ldots\}$. Auf $\mathfrak{P}(\mathbb{N})$ definieren wir eine Funktion

$$\mu(E) = \sum_{n \in E} \alpha_n, \qquad E \subseteq \mathbb{N},$$

wobei $\{\alpha_n\}$ eine fest gewählte Folge nichtnegativer rationaler Zahlen ist.
Man prüfe, ob μ ein Maß auf $\mathfrak{P}(\mathbb{N})$ ist.

2. Auf $\mathfrak{P}(\mathbb{N})$ definiert man das „Zählmaß" γ vermöge

$$\gamma(E) = \begin{cases} \infty & \text{für } E \text{ unendlich,} \\ \operatorname{card} E & \text{für } E \text{ endlich.} \end{cases}$$

Man prüfe nach, ob γ ein Maß ist.

3. Sei $[\Omega, \mathfrak{F}, \mu]$ ein Maßraum. Mit $\mathcal{N}$ bezeichnen wir alle Mengen mit dem Maß 0. Sei $\mathfrak{F}_1$ die Familie aller Mengen $E \subseteq \Omega$, für die eine Menge $E_1 \in \mathfrak{F}$ existiert, so daß $E \Delta E_1 \subseteq N \in \mathcal{N}$. Zeigen Sie, daß
   a) $\mathfrak{F}_1$ eine σ-Algebra ist,
   b) die Funktion $\tilde{\mu}(E) = \mu(E_1)$ wohl definiert ist, d. h. nicht von der Wahl von E_1 abhängt.
   c) $\tilde{\mu}$ ein *vollständiges Maß* ist, d. h. jede Teilmenge einer Menge vom $\tilde{\mu}$-Maß 0 ($\tilde{\mu}$-Nullmenge) ebenfalls eine $\tilde{\mu}$-Nullmenge ist.

4. Sei μ ein W-Maß auf $\mathfrak{B}^1$ und F_μ seine Verteilungsfunktion. Man zeige: F_μ ist in einem Punkt $x \in \mathbb{R}^1$ genau dann stetig, wenn $\mu(\{x\}) = 0$ ist.

5. Sei $[\Omega, \mathfrak{F}]$ ein meßbarer Raum. Überlegen Sie sich, ob

$$\mu(A) = \begin{cases} 0, & \text{falls } A = \emptyset, \\ 1, & \text{falls } A \neq \emptyset, \end{cases} \quad (A \in \mathfrak{F})$$

ein Maß ist.

6. Sei $[\Omega, \mathfrak{F}]$ ein meßbarer Raum. Ist

$$\mu(A) = \begin{cases} 0, & \text{falls } A = \emptyset, \\ \infty, & \text{falls } A \neq \emptyset, \end{cases} \quad (A \in \mathfrak{F})$$

ein Maß?

7. Sei $[\Omega, \mathfrak{F}, \mu]$ ein Maßraum und $A \in \mathfrak{F}$ mit $0 < \mu(A) < \infty$. Man beweise: Falls wir $\nu(B) = \dfrac{\mu(A \cap B)}{\mu(A)}$ für alle $B \in \mathfrak{F}$ setzen, dann ist $[\Omega, \mathfrak{F}, \nu]$ ebenfalls ein Maßraum.

8. Es sei μ ein endliches Maß auf einer σ-Algebra $\mathfrak{F}$ von Teilmengen von Ω und $\{A_n, n \in \mathbb{N}\}$ eine Folge von Mengen aus $\mathfrak{F}$ mit der Eigenschaft $\lim\limits_{n\to\infty} A_n = A$. Man zeige, daß dann $\lim\limits_{n\to\infty} \mu(A_n) = \mu(A)$ gilt.

9. Gilt die Aussage der Aufgabe 8 auch dann noch, wenn μ nur ein endliches Quasimaß auf einer Algebra $\mathfrak{A}$ darstellt und zusätzlich $A \in \mathfrak{A}$ gefordert wird?

10. Es sei $\mathfrak{A}$ die Algebra, die durch die Familie aller Intervalle $[a, b)$, $(-\infty, a)$, $[b, +\infty)$ mit $-\infty, < a, b < +\infty$ erzeugt wird. Durch die Festlegungen

$$m([a, b)) = b - a,\ m((-\infty, a)) = m([b, +\infty)) = +\infty$$

und

$$m\left(\bigcup_{i=1}^{n} [a_i, b_i)\right) = \sum_{i=1}^{n} m([a_i, b_i)), \qquad \begin{array}{l} a_i < b_i \leqq a_{i+1}, \\ i = 1, 2, \ldots, n, \end{array}$$

ist ein Quasimaß m auf $\mathfrak{A}$ definiert. Welche Gestalt besitzt das Maß μ auf $\sigma(\mathfrak{A})$ als Fortsetzung des Quasimaßes m auf $\mathfrak{A}$?

11. Man konstruiere eine Folge meßbarer Mengen $E_1 \supseteqq E_2 \supseteqq \cdots$, mit $\mu\left(\bigcap_{n=1}^{\infty} E_n\right) \neq \lim_{n\to\infty} \mu(E_n)$, wenn μ ein unendliches Maß ist.

1.3. *Unabhängigkeit*

Sei $[\Omega, \mathfrak{F}, \mathsf{P}]$ ein Wahrscheinlichkeitsraum.

Definition 1. Die Ereignisse $A_1, \ldots, A_n \in \mathfrak{F}$ heißen *unabhängig*, falls

$$\mathsf{P}(A_1 \cap \ldots \cap A_n) = \mathsf{P}(A_1) \ldots \mathsf{P}(A_n)$$

gilt.

Definition 2. Die Ereignisse $A_1, \ldots, A_n$ heißen *vollständig unabhängig*, falls für beliebige $1 \leqq i_1 < \cdots < i_r \leqq n$, $r = 2, \ldots, n$,

$$\mathsf{P}\left(\bigcap_{k=1}^{r} A_{i_k}\right) = \prod_{k=1}^{r} \mathsf{P}(A_{i_k}) \tag{1}$$

gilt.

Die Ereignisse $A_1, \ldots, A_n$ heißen *paarweise unabhängig*, wenn (1) nur für $r = 2$ gefordert wird.

Beispiel 1. Wir würfeln mit zwei unterscheidbaren Würfeln. Wir setzen $\Omega = \{(1, 1), (1, 2), \ldots, (6, 6)\}$, $\mathfrak{F} = \mathfrak{P}(\Omega)$,

$$\mathsf{P} = \frac{1}{36} \sum_{\omega \in \Omega} \delta_\omega \,.$$

(siehe Beispiel 2.2.) und betrachten die Ereignisse:

A: Augenzahl des 1. Würfels gerade

B: Augenzahl des 2. Würfels ungerade
C: Augenzahl des 1. Würfels ist größer als 4.

Man sieht sehr leicht, daß A, B und C vollständig unabhängig sind.

Beispiel 2. Wir betrachten den Wahrscheinlichkeitsraum von Beispiel 1 und die Ereignisse A und B wie oben sowie C: die Summe der Augenzahlen des ersten und zweiten Würfels ist ungerade.

Man überzeuge sich davon, daß die Ereignisse A, B und C paarweise unabhängig, jedoch nicht vollständig unabhängig sind.

Es gibt kaum praktisch interessante Beispiele paarweise unabhängiger Ereignisse, die nicht vollständig unabhängig sind.

Es seien $\mathfrak{R}_1, \mathfrak{R}_2 \subseteq \mathfrak{F}$ zwei Ereignissysteme.

Definition 3. Die Ereignissysteme $\mathfrak{R}_1$, $\mathfrak{R}_2$ heißen *unabhängig*, wenn für alle Ereignisse $A_1 \in \mathfrak{R}_1$, $A_2 \in \mathfrak{R}_2$ gilt

$$\mathsf{P}(A_1 \cap A_2) = \mathsf{P}(A_1)\,\mathsf{P}(A_2).$$

Analog wird die Unabhängigkeit von endlich vielen Ereignissystemen $\mathfrak{R}_1, \ldots, \mathfrak{R}_n \subseteq \mathfrak{F}$ definiert.

Definition 4. Eine Familie $\{\mathfrak{R}_t, t \in T\}$ von Ereignissystemen heißt *unabhängig*, falls jede endliche Auswahl $\mathfrak{R}_{t_1}, \ldots, \mathfrak{R}_{t_n}$, $t_i \in T$, unabhängig ist, d. h., es gilt

$$\mathsf{P}\left(\bigcap_{j=1}^{n} A_{t_j}\right) = \prod_{j=1}^{n} \mathsf{P}(A_{t_j})$$

für beliebige $A_{t_j} \in \mathfrak{R}_{t_j}$, $1 \leqq j \leqq n$.

Sind die Ereignissysteme $\mathfrak{R}_1$, $\mathfrak{R}_2$ unabhängig und sind $\mathfrak{R}_1'$, $\mathfrak{R}_2'$ Ereignissysteme mit $\mathfrak{R}_1' \subseteq \mathfrak{R}_1$, $\mathfrak{R}_2' \subseteq \mathfrak{R}_2$, so sind diese ebenfalls unabhängig.

Sind zwei Halbalgebren $\mathscr{H}_1$, $\mathscr{H}_2$ unabhängig, so sind die erzeugten Algebren $\mathfrak{A}(\mathscr{H}_1)$, $\mathfrak{A}(\mathscr{H}_2)$ ebenfalls unabhängig. Der Leser beweise selbständig diese Eigenschaft.

Wir geben nun wesentlich allgemeinere Aussagen an. Dazu benötigen wir zunächst einige Begriffe.

Definition 5. Ein System $\mathfrak{G}$ von Teilmengen von Ω heißt *durchschnittsabgeschlossen*, wenn aus $A_1, A_2 \in \mathfrak{G}$ folgt $A_1 \cap A_2 \in \mathfrak{G}$, und DYNKIN*sches System*, wenn

1. Aus $A_k \in \mathfrak{G}$ $(k = 1, 2, \ldots)$ und $A_k \cap A_j = \emptyset$ $(k \neq j)$ folgt $\bigcup_{k=1}^{\infty} A_k \in \mathfrak{G}$.
2. $\Omega \in \mathfrak{G}$.
3. Aus $B_2 \supseteq B_1$, $B_1, B_2 \in \mathfrak{G}$ folgt $B_2 \setminus B_1 \in \mathfrak{G}$.

Lemma 1. *Wenn ein Dynkinsches System $\mathfrak{H}$ ein durchschnittsabgeschlossenes System $\mathfrak{G}$ enthält, dann gilt*

$$\sigma(\mathfrak{G}) \subseteq \mathfrak{H}.$$

Beweis. Es sei $\mathfrak{H}_1$ das kleinste DYNKINsche System, das $\mathfrak{G}$ enthält (d. h., $\mathfrak{H}_1$ ist der Durchschnitt aller DYNKINschen Systeme, die $\mathfrak{G}$ enthalten). Wir zeigen nun, daß $\mathfrak{H}_1 = \sigma(\mathfrak{G})$ ist.

Wir bezeichnen dazu die Menge aller Teilmengen H aus $\mathfrak{H}_1$, für die $H \cap B \in \mathfrak{H}_1$ ist, mit $\mathfrak{H}(B)$. Wir sehen sofort, daß $\mathfrak{H}(B)$ durchschnittsabgeschlossen ist. Deshalb gilt, falls $B \in \mathfrak{G}$ ist, $\mathfrak{H}(B) \supseteq \mathfrak{G}$. Das bedeutet jedoch $\mathfrak{H}(B) = \mathfrak{H}_1$ für $B \in \mathfrak{G}$. Hieraus ergibt sich wiederum, daß $\mathfrak{H}(A) \supseteq \mathfrak{G}$ für jedes $A \in \mathfrak{H}_1$, d. h. $\mathfrak{H}(A) = \mathfrak{H}_1$ und folglich $\mathfrak{H}_1$ durchschnittsabgeschlossen ist. Ein durchschnittsabgeschlossenes DYNKINsches System von Mengen ist jedoch eine σ-Algebra, und es ergibt sich also $\mathfrak{H}_1 = \sigma(\mathfrak{G})$. ∎

Satz 1. *Es sei $\{\mathfrak{M}_t, t \in T\}$ eine Familie von unabhängigen durchschnittsabgeschlossenen Ereignissystemen. Dann sind die erzeugten σ-Algebren $\{\sigma(\mathfrak{M}_t), t \in T\}$ ebenfalls unabhängig.*

Beweis. Wir können uns im Beweis auf endlich viele Klassen $\mathfrak{M}_1, \ldots, \mathfrak{M}_n$ beschränken. Es ist hinreichend zu zeigen, daß $\sigma(\mathfrak{M}_1), \mathfrak{M}_2, \ldots, \mathfrak{M}_n$ unabhängige Mengensysteme sind. $\mathfrak{H}$ sei das System aller Ereignisse, die von $\mathfrak{M}_2, \ldots, \mathfrak{M}_n$ unabhängt sind. Nach Voraussetzung ist $\mathfrak{M}_1 \subseteq \mathfrak{H}$. $\mathfrak{H}$ enthält auch alle Vereinigungen seiner paarweise disjunkten Ereignisse und die Differenz

$B_2 \setminus B_1$, falls $B_2 \supseteq B_1$ mit $B_i \in \mathfrak{H}$ $(i = 1, 2)$ gilt. Damit ist $\mathfrak{H}$ ein DYNKINsches System, und wegen Lemma 1 folgt $\mathfrak{H} \supset \sigma(\mathfrak{M}_1)$. ∎

Satz 2. *Es sei* $\{\mathfrak{M}_t, t \in T\}$ *eine Familie von unabhängigen durchschnittsabgeschlossenen Ereignissystemen,* $T = T_1 \cup T_2$ $(T_1 \cap T_2 = \emptyset)$. *Dann sind* $\sigma(\mathfrak{M}_t, t \in T_1)$ *und* $\sigma(\mathfrak{M}_t, t \in T_2)$ *unabhängig.*

Beweis. Wegen Satz 1 kann man sich auf σ-Algebren $\mathfrak{M}_t$ beschränken. $\mathfrak{H}_i$ sei das Mengensystem, das aus allen Ereignissen der Form

$$A_{t_1} \cap A_{t_2} \cap \cdots \cap A_{t_n}, \qquad A_{t_k} \in \mathfrak{M}_{t_k}$$

(n beliebig) und $t_k \in T_i$ $(i = 1, 2)$ besteht. $\mathfrak{H}_i$ ist durchschnittsabgeschlossen und enthält alle $\mathfrak{M}_t$ $(t \in T_i$, $i = 1, 2)$. Weil $\mathfrak{H}_1$ und $\mathfrak{H}_2$ unabhängig sind, ergibt sich aus Satz 1, daß $\sigma(\mathfrak{H}_1) = \sigma(\mathfrak{M}_t, t \in T_1)$ und $\sigma(\mathfrak{H}_2) = \sigma(\mathfrak{M}_t, t \in T_2)$ ebenfalls unabhängig sind. ∎

Folgerung 1. *Es sei* $\{T_\beta\}_{\beta \in S}$ *eine Folge disjunkter Teilmengen von* T *mit* $T = \bigcup_{\beta \in S} T_\beta$. *Dann sind auch die* σ-*Algebren* $\{\sigma(\mathfrak{M}_\alpha, \alpha \in T_\beta)\}_{\beta \in S}$ *unabhängig.*

Aufgaben

1. Man beweise:
   1. Zwei Ereignisse A und B sind genau dann unabhängig, wenn A und $\bar{B}$ unabhängig sind.
   2. Sind die Ereignisse A, B, C unabhängig, so sind auch $A \cup B$ und C unabhängig.
2. Für zwei Mengensysteme $\mathfrak{G}_1$ und $\mathfrak{G}_2$ eines W-Raumes $[\Omega, \mathfrak{F}, \mathsf{P}]$ mit $\mathfrak{G}_1 \subseteq \mathfrak{G}_2$ zeige man: $\mathfrak{G}_1$ und $\mathfrak{G}_2$ sind genau dann unabhängig, wenn $\mathsf{P}(A) = 0$ oder $= 1$ für alle $A \in \mathfrak{G}_1$ gilt.
3. Man gebe ein Beispiel einer unabhängigen Familie $\{\mathfrak{G}_i, i \in I\}$ von Mengensystemen $\mathfrak{G}_i \subseteq \mathfrak{F}$ an, für welche die Familie $\{\sigma(\mathfrak{G}_i), i \in I\}$ nicht unabhängig ist.
4. Es sei $\Omega = [0, 1] \times [0, 1]$, $\mathfrak{F} = \mathfrak{B}^2 \cap \Omega$, $\mathsf{P} = \lambda^2$ (das auf $\mathfrak{F}$

eingeschränkte LEBESGUE-Maß). Wir betrachten die Ereignisse

$$A = \left\{x \leqq \frac{1}{2}\right\},$$

$$B = \left\{y \leqq \frac{1}{2}\right\},$$

$$C = (A \cap B) \cup (\bar{A} \cap \bar{B})$$

Man zeige, daß die Ereignisse A, B und C paarweise unabhängig, jedoch nicht vollständig unabhängig sind.

5. Man zeige: Die Ereignisse A, B und C sind vollständig unabhängig genau dann, wenn sie paarweise unabhängig sind und A und $B \cap C$ unabhängig sind.
6. Es sei $\{\mathfrak{M}_t\}_{t \in T}$ eine Familie von unabhängigen Ereignissystemen. Man zeige, daß die Unabhängigkeit auch dann erhalten bleibt, wenn eine der folgenden Erweiterungen der Ereignissysteme vorgenommen wird:
   1. Erweiterung durch Mengen A, für die $\mathsf{P}(A) = 0$ oder 1 gilt,
   2. Erweiterung durch $A \setminus B$, falls $A, B \in \mathfrak{M}_t$ und $B \subseteq A$,
   3. Erweiterung durch $A \cup B$, falls $A, B \in \mathfrak{M}_t$ und $A \cap B = \emptyset$,
   4. Erweiterung durch $\lim\limits_{n \to \infty} A_n$, falls $\{A_n, n \in \mathbb{N}\} \subseteq \mathfrak{M}_t$ ist und dieser Grenzwert existiert.

1.4. Produktmaße

Am Ende von Abschnitt 1.2. haben wir einiges zur Begründung der Wahl eines Wahrscheinlichkeitsraumes $[\Omega, \mathfrak{F}, \mathsf{P}]$ als eines mathematischen Modells eines Experiments mit zufälligem Ausgang ausgeführt. Wir betrachten nun eine indizierte Familie $\mathscr{E} = \{\mathscr{E}_t, t \in T\}$ von Experimenten mit zufälligem Ausgang, wobei $\mathscr{E}_t$ der Wahrscheinlichkeitsraum $[\Omega_t, \mathfrak{F}_t, \mathsf{P}_t]$ entsprechen möge. Als Beispiel betrachten wir eine unendliche Folge von Würfen einer Münze. Hier ist $T = \{1, 2, \ldots\}$, $\Omega_t = \Omega = \{0, 1\}$, wobei 0 das Werfen der Zahl und 1 das Werfen des Wappens bezeichnen, $\mathfrak{F}_t = \mathfrak{P}(\Omega_t)$, $\mathsf{P}_t = (1 - p)\,\delta_0 + p\delta_1, 0 \leqq p \leqq 1$.

Der dem zusammengesetzten Experiment $\mathscr{E} = \{\mathscr{E}_t, t = 1, 2, \ldots\}$ entsprechende Raum der Elementarereignisse Ω ist der Raum aller Folgen $(\omega_1, \omega_2, \ldots)$ aus Nullen und Einsen, $\mathfrak{F} = \mathfrak{P}(\Omega)$. Das dem Experiment $\mathscr{E}$ entsprechende Wahrscheinlichkeitsmaß P auf $\mathfrak{F}$ muß ausgehend von der Kenntnis der P_t, $t \in T$, und weiteren Voraussetzungen über $\mathscr{E}$ bestimmt werden.

Wir wollen also einen Wahrscheinlichkeitsraum $[\Omega, \mathfrak{F}, \mathsf{P}]$, der $\mathscr{E}$ entspricht, im allgemeinen Fall konstruieren. Es liegt nahe,

$$\Omega = \bigtimes_{t \in T} \Omega_t$$

zu setzen, d. h., Ω ist das kartesische Produkt der Ω_t, $t \in T$. Wir betrachten zunächst den zweidimensionalen Fall.

Definition 1. Ist $\mathfrak{F}_1$ eine σ-Algebra von Teilmengen von Ω_1 und $\mathfrak{F}_2$ eine σ-Algebra von Teilmengen von Ω_2, so bezeichnen wir die von dem System von Mengen $\{A_1 \times A_2 : A_1 \in \mathfrak{F}_1, A_2 \in \mathfrak{F}_2\}$ erzeugte σ-Algebra von Teilmengen des kartesischen Produktes $\Omega_1 \times \Omega_2$ als *Produkt* von $\mathfrak{F}_1$ und $\mathfrak{F}_2$ und schreiben dafür $\mathfrak{F}_1 \otimes \mathfrak{F}_2$.

Definition 2. $[\Omega_1 \times \Omega_2, \mathfrak{F}_1 \otimes \mathfrak{F}_2]$ heißt *meßbarer Produktraum*.

Die obigen Definitionen lassen sich ohne weiteres dahingehend verallgemeinern, daß endliche Folgen $\mathfrak{F}_1, \ldots, \mathfrak{F}_n$ von σ-Algebren betrachtet werden. Die σ-Algebra $\mathfrak{F}_1 \otimes \cdots \otimes \mathfrak{F}_n = \bigotimes_{i=1}^{n} \mathfrak{F}_i$ wird von den Mengen $\bigtimes_{i=1}^{n} A_i$ mit $A_i \in \mathfrak{F}_i$ $(i = 1, \ldots, n)$ erzeugt. Für $\underbrace{\mathfrak{F} \otimes \cdots \otimes \mathfrak{F}}_{n \text{ mal}}$ schreibt man auch $\mathfrak{F}^n$. In diesem Sinne ist die σ-Algebra $\mathfrak{B}^n$ der BORELschen Teilmenge des $\mathbb{R}^n$ die n-te Potenz von $\mathfrak{B}^1$.

Falls wir $A_1 \times A_2 \times A_3$ mit $(A_1 \times A_2) \times A_3$ und $A_1 \times (A_2 \times A_3)$ identifizieren, $A_i \in \mathfrak{F}_i$ $(i = 1, 2, 3)$, gilt

Satz 1 (*Assoziativgesetz*).

$$\mathfrak{F}_1 \otimes (\mathfrak{F}_2 \otimes \mathfrak{F}_3) = (\mathfrak{F}_1 \otimes \mathfrak{F}_2) \otimes \mathfrak{F}_3 = \mathfrak{F}_1 \otimes \mathfrak{F}_2 \otimes \mathfrak{F}_3.$$

Wir wenden uns nun der Konstruktion von Maßen auf Produkträumen zu.

Sind auf $\mathfrak{F}_1$ und $\mathfrak{F}_2$ endliche Maße μ_1 bzw. μ_2 gegeben, so läßt sich mit ihrer Hilfe ein spezielles endliches Maß $\mu_1 \times \mu_2$ auf $\mathfrak{F}_1 \otimes \mathfrak{F}_2$ definieren, indem man für die Menge $A_1 \times A_2$ mit $A_1 \in \mathfrak{F}_1$ und $A_2 \in \mathfrak{F}_2$ die der elementaren Geometrie entlehnte Beziehung

$$(\mu_1 \times \mu_2)\,(A_1 \times A_2) = \mu_1(A_1)\,\mu_2(A_2)$$

fordert. Wir nennen $\mu_1 \times \mu_2$ das *Produktmaß* der beiden Maße μ_1 und μ_2. Dieses Maß existiert und ist eindeutig bestimmt, wie der folgende, etwas allgemeinere Satz zeigt.

Satz 2. *Es seien μ_1 und μ_2 σ-endliche Maße auf den σ-Algebren $\mathfrak{F}_1$ bzw. $\mathfrak{F}_2$ von Teilmengen von Ω_1 bzw. Ω_2. Dann existiert genau ein Maß $\mu_1 \times \mu_2$ auf $\mathfrak{F}_1 \otimes \mathfrak{F}_2$ mit der Eigenschaft*

$$(\mu_1 \times \mu_2)\,(A_1 \times A_2) = \mu_1(A_1)\,\mu_2(A_2) \qquad (1)$$

$$(A_1 \in \mathfrak{F}_1,\ A_2 \in \mathfrak{F}_2),$$

wobei $0 \cdot \infty = \infty \cdot 0 = 0$ zu setzen ist. Dieses Maß ist wiederum σ-endlich.

Beweis. Die Rechtecke $A_1 \times A_2 \subseteq \Omega_1 \times \Omega_2$ bilden eine Halbalgebra. Gemäß Satz 1.1. besteht die von ihnen erzeugte Algebra $\mathfrak{A}$ aus endlichen Vereinigungen disjunkter Rechtecke. Man kann also den Ansatz (1) erweitern und gewinnt ein Quasimaß μ auf $\mathfrak{A}$, das außerdem stetig ist. Die Behauptung des Satzes folgt nun unmittelbar aus dem Fortsetzungssatz 2.1. ∎

Wir betrachten nun die Wahrscheinlichkeitsräume $[\Omega_1, \mathfrak{F}_1, \mathsf{P}_1]$, $[\Omega_2, \mathfrak{F}_2, \mathsf{P}_2]$.

Satz 3. *Das Produktwahrscheinlichkeitsmaß $\mathsf{P} = \mathsf{P}_1 \times \mathsf{P}_2$ ist das einzige Wahrscheinlichkeitsmaß auf $\mathfrak{F}_1 \otimes \mathfrak{F}_2$ mit den Eigenschaften*

1. $\mathsf{P}(A_1 \times \Omega_2) = \mathsf{P}_1(A_1)$, $\quad \mathsf{P}(\Omega_1 \times A_2) = \mathsf{P}_2(A_2)$.

2. $\mathsf{P}(B_1 \cap B_2) = \mathsf{P}_1(B_1)\,\mathsf{P}_2(B_2)$, *wobei* B_1 *von der Form* $A_1 \times \Omega_2$ *und* B_2 *von der Form* $\Omega_1 \times A_2$ *mit* $A_1 \in \mathfrak{F}_1$ *und* $A_2 \in \mathfrak{F}_2$ *ist.*

Beweis. Das Produktwahrscheinlichkeitsmaß hat die Eigenschaft

$$\mathsf{P}(A_1 \times A_2) = \mathsf{P}_1(A_1)\,\mathsf{P}_2(A_2).$$

Daraus folgt 1., wenn man $A_2 = \Omega_2$ bzw. $A_1 = \Omega$ setzt und auch 2., wenn man berücksichtigt, daß $B_1 \cap B_2 = A_1 \times A_2$ ist. ∎

Die Versuche $\mathscr{E}_1$ und $\mathscr{E}_2$ heißen *unabhängig*, falls $\mathsf{P}(A \times B) = \mathsf{P}_1(A)\mathsf{P}_2(B)$ für alle $A \in \mathfrak{F}_1$ und $B \in \mathfrak{F}_2$ gilt. Schreibt man $A \times B$ in der Form

$$A \times B = (A \times \Omega_2) \cap (\Omega_1 \times B),$$

so bedeutet die Unabhängigkeit von $\mathscr{E}_1$ und $\mathscr{E}_2$ die Unabhängigkeit einer beliebigen Aussage über das Ergebnis von $\mathscr{E}_1$ vom Ausgang von $\mathscr{E}_2$ (vgl. Definition 3.1.).

Damit ist vom wahrscheinlichkeitstheoretischen Standpunkt die Definition des Produktmaßes motiviert.

Sei T eine beliebige Indexmenge. Für jedes $t \in T$ sei $\mathbb{R}_t$ die reelle Achse.

Definition 3. Mit $\mathbb{R}^T = \underset{t \in T}{\times} \mathbb{R}_t$ bezeichnen wir den Raum aller reellwertigen Funktionen auf der Indexmenge T (Produktraum).

Für jede endliche Teilmenge $N \subseteq T$ ist $\mathbb{R}^N = \underset{t \in N}{\times} \mathbb{R}_t$ einfach der euklidische Raum der Dimension card $N = n$, denn jede Funktion $f: N \to \mathbb{R}^1$ kann mit dem Vektor $\big(f(1), f(2), \ldots, f(n)\big)$ identifiziert werden und umgekehrt. Wir nehmen nun noch eine Modifizierung vor, die uns keine beweistechnischen Schwierigkeiten bringt, dafür aber die Allgemeinheit unserer Aussagen erhöht. Statt $\mathbb{R}^1$ betrachten wir einen beliebigen vollständigen separablen metrischen Raum Ω, den wir durch die σ-Algebra $\mathfrak{F}$ der

BOREL-Mengen (die von offenen Mengen erzeugte σ-Algebra) zum meßbaren Raum $[\Omega, \mathfrak{F}]$ werden lassen.

T ist weiterhin eine beliebige Indexmenge.

Definition 4. Mit $\Omega^T = \underset{t \in T}{\times} \Omega$ bezeichnen wir den Raum aller Funktionen $f: T \to \Omega$ auf der Indexmenge T in Ω.

Für jede endliche Teilmenge $N \subseteq T$ ist Ω^N einfach das kartesische Produkt $\Omega^{\operatorname{card} N}$. Wir versehen Ω^n mit der Produkt-σ-Algebra $\mathfrak{F}^n = \mathfrak{F}^{\operatorname{card} N}$ und erhalten den Produktmaßraum $[\Omega^N, \mathfrak{F}^N]$.

Definition 5. Eine Untermenge von Ω^T der Gestalt

$$\{f \in \Omega^T : (f(t_1), \ldots, f(t_n)) \in A\},$$

wobei $n \in \mathbb{N}$, $t_1 \ldots, t_n \in T$, $A \in \mathfrak{F}^n$ ist, nennt man eine *Zylindermenge* in Ω^T mit der Basis A über den Koordinaten $t_1, \ldots, t_n$.

Sei $\mathscr{C}$ die Familie aller Zylindermengen in Ω^T. Man überzeuge sich davon, daß $\mathscr{C}$ eine Algebra ist.

Definition 6. Wir bezeichnen mit $\mathfrak{F}^T$ die von den Zylindermengen erzeugte σ-Algebra, d. h. $\mathfrak{F}^T = \sigma(\mathscr{C})$. Sei P ein W-Maß auf $[\Omega^T, \mathfrak{F}^T]$ und N eine endliche Teilmenge von T. Das Maß $\mathsf{P}((\cdot) \times \Omega^{T \setminus N})$ auf $\mathfrak{F}^N$ bezeichnen wir als Projektion P_N des Maßes P auf Ω^N. Die Familie dieser W-Maße heißt Familie der endlichdimensionalen W-Maße auf Ω^T. Ist $N = \{t_1, \ldots, t_n\}$, so schreiben wir statt P_N auch oft $\mathsf{P}_{t_1, \ldots, t_n}$. Aus dem im nächsten Abschnitt bewiesenen Satz von KOLMOGOROW über Existenz von Maßen auf Produkträumen folgt, daß zu einer vorgegebenen indizierten Familie $\{\mathsf{P}_t, t \in T\}$ von W-Maßen auf $\mathfrak{F}$ genau ein Maß P auf $\mathfrak{F}^T$ derart existiert, daß für jede endliche Menge $N = \{t_1, \ldots, t_n\} \subseteq T$ gilt

$$\mathsf{P}_{t_1, \ldots, t_n} = \mathsf{P}_{t_1} \times \cdots \times \mathsf{P}_{t_n}.$$

Dieses Maß P bezeichnet man als Produktwahrscheinlichkeitsmaß und schreibt dafür $\mathsf{P} = \underset{t \in T}{\times} \mathsf{P}_t$.

Beispiel 1 (unendliches BERNOULLIsches Schema). Wir betrachten eine Folge $\{\mathscr{E}_n, n \in \mathbb{N}\}$ unabhängiger Experimente. Dem Experiment $\mathscr{E}_n$ entspreche der Wahrscheinlichkeitsraum $[\Omega_n, \mathfrak{F}_n, \mathsf{P}_n]$ mit $\Omega_n = \{0, 1\}$, $\mathfrak{F}_n = \mathfrak{P}(\Omega_n)$, $\mathsf{P}_n = p\delta_1 + (1 - p)\,\delta_0$, $0 \leqq p \leqq 1$. Den Produktwahrscheinlichkeitsraum $[\Omega^N, \mathfrak{F}^N, \mathsf{P}]$ bezeichnet man als unendliches BERNOULLIsches Schema. Eine Interpretation wurde bereits zu Beginn dieses Abschnitts gegeben.

Aufgaben

1. Man beweise: Sind f_1 und f_2 meßbare Abbildungen von

$$[\Omega, \mathfrak{F}] \text{ in } [\Omega_1, \mathfrak{F}_1] \text{ bzw. } [\Omega_2, \mathfrak{F}_2],$$

so vermittelt $\omega \to f(\omega) = \big(f_1(\omega), f_2(\omega)\big)$ eine meßbare Abbildung von $[\Omega, \mathfrak{F}]$ in

$$[\Omega_1 \times \Omega_2, \mathfrak{F}_1 \times \mathfrak{F}_2].$$

2. Gegeben seien n meßbare Räume $[\Omega_i, \mathfrak{F}_i]$ $(i = 1, \ldots, n)$. Zeigen Sie, daß die von allen Mengen $A_1 \times \cdots \times A_n$ mit $A_i \in \mathfrak{F}_i$ erzeugte Algebra in $\Omega_1 \times \cdots \times \Omega_n$ aus den Mengen besteht, welche die Vereinigung jeweils endlich vieler Mengen der Form $A_1 \times \cdots \times A_n$, $A_i \in \mathfrak{F}_i$, sind.

3. Sei $\{[\Omega_i, \mathfrak{F}_i, \mathsf{P}_i]\}_{i \in T}$ eine Familie von W-Räumen. Als Produkt $\mathfrak{F}^T = \bigotimes_{i \in T} \mathfrak{F}_i$ der σ-Algebren $\mathfrak{F}_i$ können wir die kleinste σ-Algebra $\mathfrak{F}\,\{p_i, i \in T\}$ in $\Omega^T = \times_{i \in T} \Omega_i$ bezeichnen, bezüglich welcher jede Projektionsabbildung $p_i\colon \Omega \to \Omega_i$ meßbar ist. Man überzeuge sich davon, daß diese Definition äquivalent zu der in Abschnitt 1.4. gegebenen ist.

4. Bezeichnen wir die Projektionsabbildung $\Omega^T \to \Omega^N = \times_{i \in N} \Omega_i$ mit p_N, so überzeuge man sich davon, daß $\mathfrak{F}^T = \mathfrak{F}\,\{p_N, N$ nichtleere endliche Teilmenge von $T\}$ ist.

5. Man zeige, daß das LEBESGUE-Maß Λ^n auf $\mathfrak{L}^n$ gleich der n-ten Potenz des LEBESGUE-Maßes Λ auf $\mathfrak{L}^1$ ist.

1.5. Satz von Kolmogorow

Wir wollen nun den im 1. 4 angekündigten Satz beweisen. Zunächst ging es darum, eine geeignete σ-Algebra $\mathfrak{F}^T$ von Untermengen von Ω^T zu wählen.

Wir definierten $\mathfrak{F}^T$ als die von $\mathscr{C}$ erzeugte σ-Algebra, d. h. $\mathfrak{F}^T = \sigma(\mathscr{C})$.

Satz 5.1 (Kolmogorow). *Sei Ω ein vollständiger separabler metrischer Raum, T eine beliebige Indexmenge und $\mathsf{P}_{t_1,\ldots,t_n}$, $n \in \mathbb{N}$, $t_1, \ldots, t_n \in T$, eine Familie von W-Maßen auf den meßbaren Räumen $[\Omega^n, \mathfrak{F}^n]$, die den Bedingungen*

1. *(Verträglichkeit)*

$$\mathsf{P}_{t_1,\ldots,t_{n+m}}(A \times \Omega^m) = \mathsf{P}_{t_1,\ldots,t_n}(A), \quad A \in \mathfrak{F}^n$$

2. *(Symmetrie)*

$$\mathsf{P}_{t_1,\ldots,t_n}(A_1 \times \cdots \times A_n) = \mathsf{P}_{t_{i(1)},\ldots,t_{i(n)}}(A_{i(1)} \times \cdots \times A_{i(n)})$$

für beliebige $n \in \mathbb{N}$, $t_1, \ldots, t_n \in T$, $A_1, \ldots, A_n \in \mathfrak{F}$ und jede Permutation $(i(1), \ldots, i(n))$

genügen. Dann existiert genau ein W-Maß P auf $[\Omega^T, \mathfrak{F}^T]$, so daß für jede endliche Teilmenge N von T die Projektion von P auf Ω^N mit P_N übereinstimmt, d. h.

$$\mathsf{P}(\{f : (f(t_1), \ldots, f(t_n)) \in B\}) = \mathsf{P}_{t_1,\ldots,t_n}(B)$$

für beliebige $n \in \mathbb{N}$, $t_1, \ldots, t_n \in T$, $B \in \mathfrak{F}^n$.

Beweis. 1. Wir definieren ein Quasimaß $\tilde{\mathsf{P}}$ auf $\mathscr{C}$ vermöge

$$\tilde{\mathsf{P}}(\{f : (f(t_1), \ldots, f(t_n)) \in A\}) = \mathsf{P}_{t_1,\ldots,t_n}(A), \quad A \in \mathfrak{F}^n.$$

Die Bedingungen 1. und 2. sichern, daß $\tilde{\mathsf{P}}$ wohldefiniert ist für alle $C \in \mathscr{C}$. Seien nun $C_1, \ldots, C_k$ Zylindermengen mit den Basen $A_1, \ldots, A_k$. Man kann ohne weiteres annehmen, daß die C_i über denselben Koordinaten gegeben sind. Da den algebraischen Operationen mit den Mengen C_i dieselben Operationen mit ihren Basen A_i entsprechen und $\mathsf{P}_{t_1,\ldots,t_n}$ ein Maß auf $\mathfrak{F}^n$ ist, folgt sofort, daß $\tilde{\mathsf{P}}$ endlich-additiv und damit ein Quasimaß auf $\mathscr{C}$ ist. Mit Hilfe von Satz 2.1. wollen wir $\tilde{\mathsf{P}}$ zu einem Maß auf $\mathfrak{F}^T$ fortsetzen.

2. Sei D_n eine monoton fallende Folge von Zylindermengen mit $\bigcap_{n=1}^{\infty} D_n = \emptyset$. Wir wollen $\lim_{n\to\infty} \tilde{\mathsf{P}}(D_n) = 0$ zeigen. Nehmen wir $\lim_{n\to\infty} \tilde{\mathsf{P}}(D_n) = \alpha > 0$ an. D_n habe die Basis A_n über den Koordinaten $t_1, t_2, \ldots, t_{m_n}$. Wir setzen o.B.d.A. voraus, daß die Koordinatenmenge bei wachsendem n nicht kleiner wird.

Zu jedem A_n existiert eine kompakte Menge $K_n \subseteq A_n$, so daß (vgl. Aufgabe 3)

$$\mathsf{P}_{t_1,\ldots,t_{m_n}}(A_n \setminus K_n) < \frac{\alpha}{2^{n+1}} \qquad (n = 1, 2, \ldots)$$

gilt. Sei Q_n die Zylindermenge mit der Basis K_n über den Koordinaten $t_1, \ldots, t_{m_n}$, $G_n = \bigcap_{r=1}^{n} Q_r$ und M_n die Basis von $G_n \in \mathscr{C}$. Die Menge M_n ist kompakt als Durchschnitt abgeschlossener Mengen, von denen mindestens eine (nämlich K_n) kompakt ist. Die Mengen G_n bilden eine monoton fallende Folge. Daraus ergibt sich für die Basen:

Aus

$$(y_1, y_2, \ldots, y_{m_{n+p}}) \in M_{n+p}$$

folgt

$$(y_1, y_2, \ldots, y_{m_n}) \in M_n, \qquad p > 0.$$

Offensichtlich sind die G_n nichtleer. Außerdem, da $D_n \setminus G_n = \bigcup_{r=1}^{n} (D_n \setminus Q_r) \subseteq \bigcup_{r=1}^{n} (D_r \setminus Q_r)$ gilt, erhalten wir

$$\tilde{\mathsf{P}}(D_n \setminus G_n) \leqq \sum_{r=1}^{n} \tilde{\mathsf{P}}(D_r \setminus Q_r) = \sum_{r=1}^{n} \mathsf{P}_{t_1,\ldots,t_{m_r}}(A_r \setminus K_r)$$
$$\leqq \frac{\alpha}{2},$$

woraus wiederum

$$\lim_{n\to\infty} \tilde{\mathsf{P}}(G_n) = \lim_{n\to\infty} \tilde{\mathsf{P}}(D_n) - \lim_{n\to\infty} \tilde{\mathsf{P}}(D_n \setminus G_n) \geqq \frac{\alpha}{2}$$

folgt.

Wir wählen aus jeder Menge M_n einen Punkt $(y_1^{(n)}, \ldots, y_{m_n}^{(n)})$. Auf Grund des bisher Gesagten liegt für jedes k die Folge $\{y_k^{(n)}\}$ in einer kompakten Menge in Ω und die Folge $\{(y_1^{(n+r)}, \ldots, y_{m_n}^{(n+r)})\}$, $r = 0, 1, 2, \ldots$, liegt in M_n. Mit Hilfe des üblichen Diagonalverfahrens finden wir eine Folge $\{n_j\}$, so daß für jedes k die Folge $\{y_k^{(n_j)}\}$ gegen einen Grenzwert $y_k^{(0)}$ konvergiert. Aus der Abgeschlossenheit von M_n folgt für jedes n

$$(y_1^{(0)}, \ldots, y_{m_n}^{(0)}) \in M_n .$$

Wir setzen $f(t_k) = y_k^{(0)}$, $k = 1, 2, \ldots$, und definieren f für die übrigen t ganz beliebig. Dann ist $f \in G_n \subseteq D_n$ für jedes n und folglich $\bigcap_{n=1}^{\infty} D_n \neq \emptyset$, was unsere Annahme zum Widerspruch führt. Also ist $\tilde{\mathsf{P}}$ 0-stetig und somit nach Satz 2.3. σ-additiv auf $\mathscr{C}$.

$\tilde{\mathsf{P}}$ läßt sich demzufolge nach Satz 2.1. zu einem Maß P auf $\mathfrak{F}^T$ fortsetzen. Diese Fortsetzung ist eindeutig, da P ein endliches Quasimaß ist. Unmittelbar aus der Definition von $\tilde{\mathsf{P}}$ folgt, daß die Projektionen von P mit P_N übereinstimmen. ∎

Aufgaben

1. Man zeige, daß die Menge der Zylindermengen $\mathscr{C}$ in Ω^T keine σ-Algebra ist, wenn T unendlich viele Punkte hat, $\Omega = \{a_1, a_2\}$ und $\mathfrak{F} = \mathfrak{P}(\Omega)$ sind.
2. Sei $\{\mathsf{P}_n\}$ eine Folge von W-Maßen. Man zeige, daß eine Folge unabhängiger, gemäß P_n verteilter ZG $\{X_n\}$ existiert (siehe Abschnitt 2.2.).
3. Seien Ω ein vollständiger separabler metrischer Raum, $\mathfrak{F}$ die σ-Algebra der BOREL-Mengen und P ein W-Maß auf $\mathfrak{F}$. Man beweise, daß für jedes $\varepsilon > 0$ und jedes $A \in \mathfrak{F}$ eine kompakte Menge $K \in \mathfrak{F}$ existiert, so daß $\mathsf{P}(A \setminus K) < \varepsilon$ ist.

2. Integrationstheorie

2.1. *Meßbare Funktionen*

Seien $[\Omega, \mathfrak{F}]$ ein meßbarer Raum und $\mathbb{R}^c$ die um $\{+\infty\}$ erweiterte Zahlengerade. Die BOREL-Mengen des $\mathbb{R}^c$ bezeichnen wir mit $\mathfrak{B}^c$. Unter einer meßbaren Funktion verstehen wir eine Abbildung $f : [\Omega, \mathfrak{F}] \to [\mathbb{R}^c, \mathfrak{B}^c]$, für die gilt

$$f^{-1}(A) \in \mathfrak{F} \quad \text{für alle} \quad A \in \mathfrak{B}^c \tag{1}$$

(vgl. Definition 1.2.8.). Das folgende Kriterium erweist sich bei der Überprüfung der Meßbarkeit als nützlich.

Satz 1. *Sei $\mathfrak{N}$ ein Mengensystem, das $\mathfrak{B}^c$ erzeugt, d. h. $\sigma(\mathfrak{N}) = \mathfrak{B}^c$. Wenn für alle $E \in \mathfrak{N}$ gilt*

$$f^{-1}(E) \in \mathfrak{F},$$

dann ist f meßbar.

Beweis. Sei $\mathscr{K} = \{E \subseteq \mathbb{R}^c : f^{-1}(E) \in \mathfrak{F}\}$. Offensichtlich ist $\mathfrak{N}$ in $\mathscr{K}$ enthalten. Wir zeigen, daß $\mathscr{K}$ eine σ-Algebra ist. Seien $E, E_n \in \mathscr{K}$ $(n = 1, 2, \ldots)$. Wir erhalten $f^{-1}(\bar{E}) = f^{-1}(\mathbb{R}^c \setminus E) = f^{-1}(\mathbb{R}^c) \setminus f^{-1}(E) = \Omega \setminus f^{-1}(E) \in \mathfrak{F}$ und $f^{-1}\left(\bigcup_n E_n\right) = \bigcup_n f^{-1}(E_n) \in \mathfrak{F}$, da $\mathfrak{F}$ eine σ-Algebra ist. Damit ist $\mathscr{K}$ eine σ-Algebra, und es gilt $\mathfrak{N} \subseteq \mathscr{K}$. Daraus folgt $\mathfrak{B}^c = \sigma(\mathfrak{N}) \subseteq \mathscr{K}$. ∎

Folgerung 1. *Eine Funktion f ist meßbar, wenn eine der folgenden Bedingungen für alle $a \in \mathbb{R}$ erfüllt ist:*

1. $\{\omega : f(\omega) < a\} \in \mathfrak{F}$
2. $\{\omega : f(\omega) \leqq a\} \in \mathfrak{F}$
3. $\{\omega : f(\omega) > a\} \in \mathfrak{F}$
4. $\{\omega : f(\omega) \geqq a\} \in \mathfrak{F}$.

(vgl. Aufgabe 1.1.11.)

Satz 2. *Seien f, g, f_n, $n = 1, 2, \ldots$, meßbare Funktionen.*

Dann sind auch folgende Funktionen meßbar:

1. $f + g, f - g, \alpha f$ *für* $\alpha \in \mathbb{R}^1$;
2. $f \cdot g$;
3. $\frac{f}{g}$, *falls* $g \neq 0$;
4. $\sup_n f_n, \inf_n f_n$;
5. $\max (f, g), \min (f, g)$, *insbesondere* $f^+ = \max (f, 0)$ *und* $-f^- = \min (f, 0)$;
6. $\overline{\lim_n} f_n, \underline{\lim_n} f_n$;
7. $\lim_n f_n$, *falls die Folge* $\{f_n(\omega)\}$ *für alle* ω *konvergiert*;
8. $g \circ f$, *falls* $g: \mathbb{R}^1 \to \mathbb{R}^1$ *eine* $(\mathfrak{B}^1, \mathfrak{B}^1)$*-meßbare (Borelsche) Funktion ist.* (*Es ist* $(g \circ f)(\omega) = (g(f(\omega))$.)

Beweis. Wir beschränken uns der Einfachheit halber auf Funktionen, die nur Werte in $\mathbb{R}^1$ annehmen. Sei $a \in \mathbb{R}^1$ und Q die Menge der rationalen Zahlen.

1. Es gilt $\{\omega : f(\omega) + g(\omega) < a\} = \bigcup_{r \in Q} (\{\omega : f(\omega) < r\} \cap \{\omega : g(\omega) < a - r\}) \in \mathfrak{F}$. Weiterhin ist für $\alpha \neq 0$ (der Fall $\alpha = 0$ ist trivial)

$$\{\omega : \alpha f(\omega) < a\} = \left\{\begin{matrix} \left\{\omega : f(\omega) < \frac{a}{\alpha}\right\} & & \alpha > 0 \\ & \text{falls} & \\ \left\{\omega : f(\omega) > \frac{a}{\alpha}\right\} & & \alpha < 0 \end{matrix}\right\} \in \mathfrak{F}.$$

Daraus folgt nach Folgerung 1 die Meßbarkeit von $f + g, \alpha f, f - g$.

2. Wir zeigen, daß f^2 meßbar ist. Es gilt nämlich

$$\{\omega : f^2(\omega) < a\} = \left\{\begin{matrix} \emptyset & & a \leqq 0 \\ & \text{falls} & \\ \{\omega : -\sqrt{a} < f(\omega) < \sqrt{a}\} & & a > 0 \end{matrix}\right\} \in \mathfrak{F}.$$

Wegen $f \cdot g = \frac{1}{4} [(f + g)^2 - (f - g)^2]$ folgt die Meßbarkeit von $f \cdot g$.

3. Sei $g(\omega) \neq 0$ für $\omega \in \Omega$. Es ist für $a > 0$

$$\left\{\omega : \frac{1}{g(\omega)} < a\right\} = \left(\{\omega : g(\omega) > 0\} \cap \left\{\omega : g(\omega) > \frac{1}{a}\right\}\right)$$
$$\cup \left(\{\omega : g(\omega) < 0\} \cap \left\{\omega : g(\omega) < \frac{1}{a}\right\}\right) \in \mathfrak{F}$$

($a \leq 0$ entsprechend). Also ist $\frac{1}{g}$ und damit $\frac{f}{g}$ meßbar.

4. Sei $f(\omega) = \sup_n f_n(\omega)$ und $g(\omega) = \inf_n f_n(\omega)$. Es gelten

$$\{\omega : f(\omega) > a\} = \bigcup_{n=1}^{\infty} \{\omega : f_n(\omega) > a\} \in \mathfrak{F}$$

und

$$\{\omega : g(\omega) < a\} = \bigcup_{n=1}^{\infty} \{\omega : f_n(\omega) < a\} \in \mathfrak{F},$$

woraus die Meßbarkeit von f und g folgt.

Die Eigenschaften 5 und 6 sind Folgerungen aus 4. Wir haben nämlich $\overline{\lim_n} f_n(\omega) = \inf_k \sup_{n \geq k} f_n(\omega)$ und $\underline{\lim_n} f_n(\omega) = \sup_k \inf_{n \geq k} f_n(\omega)$. Die Eigenschaft 7 folgt dann aus der Tatsache, daß $\overline{\lim_n} f_n = \underline{\lim_n} f_n = \lim_n f_n$ ist, falls die Folge $\{f_n\}$ konvergiert.

5. Wir zeigen die 8. Eigenschaft unmittelbar aus der Definition der Meßbarkeit. Für $B \in \mathfrak{B}^1$ und g Borelsch erhalten wir

$$(g \circ f)^{-1}(B) = f^{-1}\big(g^{-1}(B)\big).$$

Aus $g^{-1}(B) \in \mathfrak{B}^1$ folgt $f^{-1}\big(g^{-1}(B)\big) \in \mathfrak{F}$. ∎

Definition 1. Als *Indikatorfunktion* einer Menge $A \in \mathfrak{F}$ bezeichnet man die Funktion

$$I_A(\omega) = \begin{cases} 1 & \text{falls } \omega \in A \\ 0 & \text{falls } \omega \notin A \end{cases}.$$

Definition 2. Als *Treppenfunktion* (primitive Funktion) bezeichnet man eine Funktion der Gestalt

$$f = \sum_{i=1}^{\infty} a_i I_{A_i},$$

wobei $a_i \in \mathbb{R}^1$, $A_i \in \mathfrak{F}$, $A_i \cap A_j = \emptyset$ für $i \neq j$ $(i, j = 1, 2, \ldots)$ sind.

Satz 3. *Wenn f eine meßbare nichtnegative Funktion ist, dann existiert eine monoton nichtfallende Folge nichtnegativer Treppenfunktionen f_n mit*

$$f(\omega) = \lim_n f_n(\omega) \qquad \textit{für alle} \quad \omega \in \Omega.$$

Beweis. Wir definieren eine Folge von Treppenfunktionen

$$f_n(\omega) = \begin{cases} 2^n & \text{falls} \quad f(\omega) > 2^n \\ k\,2^{-n} & \text{falls} \quad k\,2^{-n} \leqq f(\omega) < (k+1)\,2^{-n}, \\ & \qquad\qquad\qquad\qquad k \leqq 4^n. \end{cases}$$

Offenbar gilt für $2^n > f(\omega)$, daß $0 \leqq f(\omega) - f_n(\omega) < 2^{-n}$ ist. Daraus folgt $f_n(\omega) \xrightarrow[n\to\infty]{} f(\omega)$. Man überzeugt sich leicht, daß die Folge $\{f_n(\omega)\}$ monoton nichtfallend ist. ∎

Aufgaben

1. Man zeige folgende Eigenschaften für $I_A(\omega)$, $A \in \mathfrak{F}$:
   $I_{A \cap B}(\omega) = I_A(\omega)\, I_B(\omega)$,
   $I_{A \cup B}(\omega) = I_A(\omega) + I_B(\omega)$, falls $A \cap B = \emptyset$,
   $I_{\bar{A}}(\omega) = 1 - I_A(\omega)$.
2. Sei $[\Omega, \mathfrak{F}, \mathsf{P}]$ ein Wahrscheinlichkeitsraum. Man zeige, daß $\{\omega : X(\omega) = Y(\omega)\}$ eine meßbare Menge ist, falls X und Y meßbare Funktionen (ZG) sind.
3. Seien $[\Omega_1, \mathfrak{F}_1]$ und $[\Omega_2, \mathfrak{F}_2]$ meßbare Räume. $f: \Omega_1 \times \Omega_2 \to \mathbb{R}^1$ sei $\mathfrak{F}_1 \otimes \mathfrak{F}_2$-meßbar und $\omega_2 \in \Omega_2$ beliebig. Man zeige, daß die Funktion $g: \Omega_1 \to \mathbb{R}^1$ mit $g(\omega) = f(\omega, \omega_2)$ dann $\mathfrak{F}_1$-meßbar ist.

2.2. *Zufallsvariablen. Unabhängigkeit*

Sei $[\Omega, \mathfrak{F}, \mathsf{P}]$ ein Wahrscheinlichkeitsraum.

Definition 1. Unter einer *zufälligen Größe* (ZG) X versteht man eine meßbare (reellwertige) Funktion $X: [\Omega, \mathfrak{F}] \to [\mathbb{R}^1, \mathfrak{B}^1]$.

Definition 2. Die Abbildung, die durch die Zufallsgrößen $X_1, \ldots, X_n$ vermittelt wird (d. h. eine Abbildung $\Omega \to \mathbb{R}^n$), heißt *zufälliger Vektor* (ZV) oder mehrdimensionale ZG.

Definition 3. Sei $[\mathcal{X}, \mathfrak{G}]$ ein meßbarer Raum. Eine $(\mathfrak{F}, \mathfrak{G})$-meßbare Abbildung $X : [\Omega, \mathfrak{F}] \to [\mathcal{X}, \mathfrak{G}]$ heißt *zufälliges Element* (*zufällige Variable*) auf $[\Omega, \mathfrak{F}, \mathsf{P}]$ mit Werten aus $\mathcal{X}$.
Sei X eine ZG auf $[\Omega, \mathfrak{F}, \mathsf{P}]$. Sie induziert auf $[\mathbb{R}^1, \mathfrak{B}^1]$ ein Maß, nämlich das Bildmaß (vgl. Definition 1.2.9.) von P. Wir bezeichnen es mit P_X. Es gilt

$$\mathsf{P}_X(B) = \mathsf{P}\big(X^{-1}(B)\big), \qquad B \in \mathfrak{B}^1.$$

P_X ist ein W-Maß auf $\mathfrak{B}^1$ (das Verteilungsgesetz von X). Die Verteilungsfunktion von P_X, d. h. die Funktion

$$F_X(x) = \mathsf{P}_X\big((-\infty, x)\big),$$

nennen wir auch Verteilungsfunktion der ZG X (vgl. Definition 1.2.7.). Wo Mißverständnisse ausgeschlossen sind, schreiben wir statt F_X auch einfach F.

Definition 4. Zwei ZG X und Y heißen *äquivalent* ($[\mathfrak{F}, \mathsf{P}]$-äquivalent), wenn sie sich nur auf einer Nullmenge unterscheiden, d. h., wenn

$$\mathsf{P}\big(\{\omega : X(\omega) \neq Y(\omega)\}\big) = 0$$

gilt. Wir schreiben dafür $X = Y$ f. ü. (fast überall) oder $X = Y\ [\mathfrak{F}, \mathsf{P}]$.

Definition 5. Die σ-Algebra $X^{-1}(\mathfrak{B}^1) = \{X^{-1}(B) : B \in \mathfrak{B}^1\}$ nennen wir die *von der* ZG *X erzeugte* σ-Algebra und bezeichnen sie mit $\mathfrak{F}_X$.

Man überzeuge sich davon, daß $X^{-1}(\mathfrak{B}^1)$ tatsächlich eine σ-Algebra ist, da die Mengenabbildung X^{-1} verträglich mit den Mengenoperationen $\cup, \cap, \setminus, \bigcup_{n=1}^{\infty}, \bigcap_{n=1}^{\infty}$ ist. Auf Grund der Meßbarkeit von X ist $\mathfrak{F}_X$ in $\mathfrak{F}$ enthalten. Wenn ein ZG X die Gestalt einer Treppenfunktion hat, dann heißt sie in der Sprache der Wahrscheinlichkeitstheorie diskrete ZG. Eine diskrete ZG nimmt also höchstens abzählbar viele Werte $\{x_i\}$ an. Für P_X erhalten wir die Darstellung

$$\mathsf{P}_X = \sum_i \mathsf{P}(X(\omega) = x_i)\, \delta_{x_i} = \sum_i p_i \delta_{x_i}.$$

Die Verteilungsfunktion F_X hat in den Punkten x_i Sprünge der Höhe p_i.

Die Begriffe des W-Maßes P_X und der erzeugten σ-Algebra $\mathfrak{F}_X$ werden analog für zufällige Elemente und ZV definiert.

Definition 6. Die Funktion

$$\begin{aligned} &F_{X_1, X_2, \dots, X_n}(x_1, x_2, \dots, x_n) \\ &= \mathsf{P}_{X_1, X_2, \dots, X_n}\big((-\infty, x_1) \times (-\infty, x_2) \times \cdots \times (-\infty, x_n)\big) \end{aligned}$$

nennen wir *Verteilungsfunktion* des ZV $(X_1, X_2, \dots, X_n)$ (vgl. Definition 1.2.7.) oder *mehrdimensionale Verteilungsfunktion.*

Analog zu Satz 1.2.4. existiert ein Charakterisierungssatz für mehrdimensionale Verteilungsfunktionen. Wir verweisen z. B. auf Borowkow [2] Kapitel 3 § 4.

Definition 7. Zufällige Elemente X_1, X_2 auf $[\Omega, \mathfrak{F}, \mathsf{P}]$ mit Werten aus $\mathscr{X}_1$ bzw. $\mathscr{X}_2$ heißen *unabhängig*, falls die erzeugten σ-Algebren $\mathfrak{F}_{X_1}$ und $\mathfrak{F}_{X_2}$ unabhängig sind.

Mit Hilfe der Sätze 1.4.3. und 1.3.1. zeigt man die folgenden Kriterien:

Satz 1. *Zwei zufällige Elemente X_1, X_2 auf $[\Omega, \mathfrak{F}, \mathsf{P}]$ mit Werten aus $\mathcal{X}_1$ und $\mathcal{X}_2$ sind genau dann unabhängig, wenn für die induzierten Maße P_{X_i} auf $\mathfrak{G}_i$ und P_{X_1,X_2} auf $\mathfrak{G}_1 \otimes \mathfrak{G}_2$ gilt*

$$\mathsf{P}_{X_1,X_2} = \mathsf{P}_{X_1} \times \mathsf{P}_{X_2}.$$

Satz 2. *Zwei* ZG *X_1, X_2 sind genau dann unabhängig, wenn für ihre Verteilungsfunktionen gilt*

$$F_{X_1,X_2}(x, y) = F_{X_1}(x)\, F_{X_2}(y).$$

Satz 3. *Sind die* ZG *X_1, X_2 unabhängig, so folgt für eine beliebige Borelsche Funktion g die Unabhängigkeit von $g(X_1)$ und $g(X_2)$.*

Auf $[\Omega, \mathfrak{F}, \mathsf{P}]$ sei eine Folge von ZG $\{X_n\}$ und eine ZG X gegeben.

Definition 8. Die Folge $\{X_n\}$ konvergiert *in Wahrscheinlichkeit* (*stochastisch, dem Maße* P *nach*) gegen X, wenn für beliebiges $\varepsilon > 0$

$$\mathsf{P}(|X_n - X| > \varepsilon) \xrightarrow[n\to\infty]{} 0$$

gilt. Man bezeichnet diese Konvergenz folgendermaßen:

$$X_n \xrightarrow{\mathsf{P}} X.$$

Definition 9. Die Folge $\{X_n\}$ *konvergiert gegen X mit Wahrscheinlichkeit* 1 (*fast überall, fast sicher*), wenn

$$X_n(\omega) \xrightarrow[n\to\infty]{} X(\omega)$$

für alle $\omega \in \Omega$, evtl. mit Ausnahme einer Menge $N \subseteq \Omega$ mit $\mathsf{P}(N) = 0$, gilt. Wir bezeichnen diese Konvergenz folgendermaßen:

$$X_n \xrightarrow[n\to\infty]{} X \quad \mathsf{P}.\ 1 \qquad \text{oder} \qquad X_n \xrightarrow[n\to\infty]{} X \quad \text{f. ü.}$$

Satz 4. *Aus*

$$X_n \xrightarrow[n\to\infty]{} X \quad \text{f. ü.}$$

folgt

$$X_n \xrightarrow[n\to\infty]{\mathsf{P}} X.$$

Beweis. Wir zeigen, daß die Konvergenz mit Wahrscheinlichkeit 1 äquivalent ist zu

$$\lim_{n\to\infty} \mathsf{P}\left(\bigcup_{k\geq n} \{|X_k - X| > \varepsilon\}\right) = 0 \qquad (1)$$

für jedes $\varepsilon > 0$. Die Konvergenz f. ü. bedeutet, daß auf der Menge $\Omega \setminus N$ ab einem Index $n = n(\omega)$ die Beziehung $\sup\limits_{k\geq n} |X_k - X| \leqq \varepsilon$ gilt. Also ist

$$\Omega \setminus N = \bigcup_{n=1}^{\infty} \bigcap_{k\geq n} \{|X_k - X| \leqq \varepsilon\}.$$

Wir gehen zum Komplement über und erhalten

$$0 = \mathsf{P}(N) = \mathsf{P}\left(\bigcap_{n=1}^{\infty} \bigcup_{k\geq n} \{|X_k - X| > \varepsilon\}\right)$$
$$= \lim_{n\to\infty} \mathsf{P}\left(\bigcup_{k\geq n} \{|X_k - X| > \varepsilon\}\right).$$

Dann ist aber erst recht $\lim\limits_{n\to\infty} \mathsf{P}(|X_n - X| > \varepsilon) = 0.$ ∎

Die umgekehrte Behauptung ist nicht richtig. Sei z. B. $[\Omega, \mathfrak{F}, \mathsf{P}]$ der Einheitskreis mit der σ-Algebra der BOREL-Mengen und der Gleichverteilung. Wir setzen $X_n(\omega) = 2$ auf dem Bogen $\left[r(n), r(n) + \frac{1}{n}\right]$ und $X_n(\omega) = 1$ sonst. Außerdem sei $X \equiv 1$. Hierbei ist $r(n) = \sum\limits_{k=1}^{n} \frac{1}{k}$. Offenbar gilt $X_n \xrightarrow{\mathsf{P}} X$. Andererseits gilt $r(n) \to \infty$ für $n \to \infty$ und die Menge der ω, für die $X_n(\omega) \to X(\omega)$ konvergiert, ist leer.

Fällt allerdings $\mathsf{P}(|X_n - X| > \varepsilon)$ genügend schnell, so folgt aus der stochastischen Konvergenz die fast sichere Konvergenz. Aus (1) ergibt sich nämlich die folgende hinreichende Bedingung:

Satz 5. *Konvergiert die Reihe*

$$\sum_{k=1}^{\infty} \mathsf{P}(|X_k - X| > \varepsilon) \qquad \textit{für beliebiges } \varepsilon > 0,$$

so gilt $X_n \xrightarrow[n\to\infty]{} X$ f. ü.

Der folgende Satz unterstreicht den doch recht engen Zusammenhang zwischen stochastischer Konvergenz und Konvergenz f. ü. (vgl. BAUER [1], Satz 19.6.).

Satz 6. *Eine Folge von* ZG $\{X_n\}$ *konvergiert genau dann stochastisch gegen eine* ZG X, *wenn man aus jeder Teilfolge* $\{X_{n_k}\}$ *von* $\{X_n\}$ *eine Teilfolge* $\{X_{n_{k_j}}\}$ *auswählen kann, die* f. ü. *gegen* X *konvergiert.*

Satz 7. *Sei g eine beliebige stetige Funktion. Dann folgt aus*

$$X_n \xrightarrow[n\to\infty]{\mathsf{P}} X$$

die Konvergenz

$$g(X_n) \xrightarrow[n\to\infty]{\mathsf{P}} g(X).$$

Beweis. Der Satz folgt unmittelbar aus Satz 6. ∎

Aufgaben

1. Seien X_n, Y_n, X und Y Zufallsgrößen, für die gilt

$$X_n \xrightarrow{\mathsf{P}} X, \quad Y_n \xrightarrow{\mathsf{P}} Y.$$

Man zeige

a) $aX_n + bY_n \xrightarrow{\mathsf{P}} aX + bY$;

b) $|X_n| \xrightarrow{\mathsf{P}} |X|$;

c) $|X_n Y_n| \xrightarrow{\mathsf{P}} |XY|$.

2. Beweisen Sie, daß aus $X_n \leqq Y_n$ f. ü. und $X_n \to X$ f. ü., $Y_n \to Y$ f. ü. folgt, daß $X \leqq Y$ f. ü. gilt.
3. Eine Folge von ZG $\{X_n\}$ konvergiere f. ü. gegen eine ZG X. Zeigen Sie, daß die Folge $\{X_n\}$ gegen eine ZG Y genau dann f. ü. konvergiert, wenn X und Y äquivalent sind.
4. Eine Folge von ZG $\{X_n\}$ konvergiere f. ü. gegen eine ZG X. Man zeige, daß dann für jedes $\delta > 0$ eine solche Menge $A_\delta \in \mathfrak{F}$ existiert, daß gilt:

   1. $\mathsf{P}(\Omega \setminus A_\delta) < \delta$;
   2. X_n konvergiert auf A_δ gleichmäßig gegen X

   (Satz von JEGOROW).

5. Sei $\{X_n\}$ eine Folge von ZG, die für $n = 1, 2, \ldots$ f. ü. endlich sind. Folgt aus $X_n \to X$ f. ü., daß auch X f. ü. endlich ist?
6. $[\Omega, \mathfrak{F}, \mathsf{P}]$ sei ein Wahrscheinlichkeitsraum. Auf Ω seien $X = X(\omega)$ und $Y = Y(\omega)$ definiert. X sei eine ZG. Sei $N = \{\omega: X(\omega) \neq Y(\omega)\} \in \mathfrak{F}$ und $\mathsf{P}(N) = 0$. Man zeige, daß auch Y eine ZG ist.

2.3. *Integrale von meßbaren Funktionen. Erwartungswerte*

Sei $[\Omega, \mathfrak{F}, \mathsf{P}]$ ein Wahrscheinlichkeitsraum und $X = X(\omega)$ eine ZG über $[\Omega, \mathfrak{F}, \mathsf{P}]$. Aus der Definition 2.1. einer ZG folgt, daß $X(\omega)$ eine meßbare reellwertige Funktion auf Ω ist, d. h., es gilt

$$\{\omega : X(\omega) \in B\} = X^{-1}(B) \in \mathfrak{F}$$

für jede Borel-Menge B der reellen Achse $\mathbb{R}^1$.

Jede nichtnegative primitive Funktion (d. h. nichtnegative diskrete ZG) $X(\omega)$ kann man in der Form

$$X(\omega) = \sum_{k=1}^{\infty} a_k I_{A_k}(\omega) \tag{1}$$

darstellen, wobei a_k, $k = 1, 2, \ldots$, die möglichen Werte der ZG X sind und $A_k = \{\omega : X(\omega) = x_k\}$ ist. Die Mengen A_k sind paarweise disjunkt, und es ist $\bigcup_{k=1}^{\infty} A_k = \Omega$.

Neben der natürlichen Darstellung (1) einer primitiven Funktion $X(\omega)$ mit den Werten $a_1, a_2, \ldots$ gibt es beliebig viele Darstellungen

$$X(\omega) = \sum_{l=1}^{\infty} b_l I_{B_l}(\omega).$$

Dabei existiert zu jedem l ein k mit der Eigenschaft $y_l = x_k$.

Definition 1. Als Integral einer nichtnegativen primitiven Funktion

$$X(\omega) = \sum_{k=1}^{\infty} a_k I_{A_k}(\omega)$$

bezeichnet man die Zahl

$$\int X \, dP = \int X(\omega) \, P(d\omega) = \sum_{k=1}^{\infty} a_k P(A_k),$$

falls $\sum_{k=1}^{\infty} a_k P(A_k) < +\infty$ ist, und $+\infty$ sonst. Als Integral einer nichtnegativen primitiven Funktion $X(\omega)$ über der Menge $A \in \mathfrak{F}$ bezeichnet man den Ausdruck

$$\int_A X \, dP = \int X(\omega) \, I_A(\omega) \, P(d\omega).$$

Die Korrektheit dieser Definitionen (die Unabhängigkeit von der Darstellung der Funktion $X(\omega)$ als $\sum_{k=1}^{\infty} a_k I_{A_k}(\omega)$) kann leicht überprüft werden. Im Spezialfall $X(\omega) = I_A(\omega)$ gilt

$$\int I_A(\omega) \, P(d\omega) = P(A).$$

Lemma 1. *Sei X eine meßbare Funktion mit* $0 \leqq X(\omega) \leqq C$. *Es seien* $\{X_n\}$, $\{Y_n\}$ *zwei Folgen nichtnegativer meßbarer primitiver Funktionen, die fast überall von unten gegen* $X(\omega)$ *konvergieren* ($X_n \uparrow X$, $Y_n \uparrow X$). *Dann gilt*

$$\lim_{n\to\infty} \int X_n \, dP = \lim_{n\to\infty} \int Y_n \, dP.$$

Beweis. Aus der Konvergenz fast überall folgt die Konvergenz in Wahrscheinlichkeit (vgl. Satz 2.4.). Daher sind für beliebige $\varepsilon > 0$ und $\delta > 0$ für genügend große n die Ungleichungen

$$P(X - X_n > \varepsilon) < \delta,$$
$$P(X - Y_n > \varepsilon) < \delta,$$
$$P(|X_n - Y_n| > 2\varepsilon) < 2\delta$$

erfüllt. Sei

$$X_n(\omega) = \sum_i a_i^{(n)} I_{A_i^{(n)}}(\omega),$$

$$Y_n(\omega) = \sum_j b_j^{(n)} I_{B_j^{(n)}}(\omega),$$

$$A_n(\varepsilon) = \{\omega : |X_n(\omega) - Y_n(\omega)| > 2\varepsilon\}.$$

Da $X_n \leqq X \leqq C$, $Y_n \leqq X \leqq C$ ist, folgt daraus die Abschätzung

$$\left|\int X_n \,\mathrm{dP} - \int Y_n \,\mathrm{dP}\right| = \left|\sum_i a_i^{(n)} \mathsf{P}(A_i^{(n)}) - \sum_j b_j^{(n)} \mathsf{P}(B_j^{(n)})\right|$$
$$\leqq \sum_{i,j} |a_i^{(n)} - b_j^{(n)}| \, \mathsf{P}\big(A_i^{(n)} B_j^{(n)} A_n(\varepsilon)\big)$$
$$+ 2C\mathsf{P}\big(A_n(\varepsilon)\big) \leqq 2\varepsilon + 4\delta C \,. \quad \blacksquare$$

Durch die Aussage von Satz 1.3. und Lemma 1 ist die Korrektheit der folgenden Definition nachgewiesen.

Definition 2. Als Integral einer beschränkten meßbaren Funktion $X(\omega) \geqq 0$ bezeichnet man die Zahl

$$\int X \,\mathrm{dP} = \lim_{n\to\infty} \int X_n \,\mathrm{dP},$$

wobei $\{X_n\}$ eine Folge nichtnegativer meßbarer primitiver Funktionen ist, die die Eigenschaft $X_n \uparrow X$ für $n \to \infty$ hat.

Definition 3. Als Integral einer beliebigen beschränkten meßbaren Funktion $X(\omega)$ bezeichnet man die Zahl

$$\int X \,\mathrm{dP} = \int X^+ \,\mathrm{dP} - \int X^- \,\mathrm{dP}.$$

Für beschränkte Funktionen wollen wir wie für primitive Funktionen unter

$$\int_A X \,\mathrm{dP} = \int_A X(\omega) \,\mathsf{P}(\mathrm{d}\omega)$$

die Zahl

$$\int X(\omega)\, I_A(\omega) \,\mathsf{P}(\mathrm{d}\omega) = \int X I_A \,\mathrm{dP}$$

verstehen.

Integrale meßbarer beschränkter Funktionen haben folgende Eigenschaften:

I 1. *Sind die Mengen $A_j \in \mathfrak{F}$ paarweise disjunkt und ist*

$$\bigcup_{j=1}^{\infty} A_j = \Omega, \text{ so gilt } \int X \,\mathrm{dP} = \sum_{j=1}^{\infty} \int_{A_j} X \,\mathrm{dP}. \qquad (2)$$

Beweis. Es genügt, die Beziehung (2) für nichtnegative Funktionen $X(\omega)$ zu beweisen. Für primitive Funktionen ist sie offensichtlich, da

$$\int X \, dP = \sum_k a_k P(X = a_k) = \sum_{j=1}^{\infty} \sum_k a_k P(\{X = a_k\} \cap A_j)$$

gilt. Im allgemeineren Fall gehen wir von der Definition 1.3.2. aus und erhalten

$$\int X \, dP = \lim_{n\to\infty} \int X_n \, dP = \lim_{n\to\infty} \sum_{j=1}^{\infty} \int_{A_j} X_n \, dP$$
$$= \sum_{j=1}^{\infty} \lim_{n\to\infty} \int_{A_j} X_n \, dP = \sum_{j=1}^{\infty} \int_{A_j} X \, dP.$$

Die Vertauschung von Summation über j und Grenzübergang für $n \to \infty$ ist erlaubt, da für die Restsummen die Beziehung ($c = \sup X(\omega)$)

$$\sum_{j=N}^{\infty} \int_{A_j} X_n \, dP \leq \sum_{j=N}^{\infty} \int_{A_j} X \, dP \leq c \, P\left(\bigcup_{j=N}^{\infty} A_j\right) \to 0$$

für $N \to \infty$ gleichmäßig in n gilt. ∎

I 2. $\int (X + Y) \, dP = \int X \, dP + \int Y \, dP.$

Der Beweis ergibt sich aus folgenden drei Bemerkungen:

1. Für primitive Funktionen ist die Eigenschaft I 2. offensichtlich. Für $X \geq 0$, $Y \geq 0$ folgt ihre Gültigkeit auf Grund der Vertauschbarkeit von Summe und Grenzübergang.

2. Ist $X = X_1^+ - X_1^-$, wobei X_1^+ und X_1^- nichtnegativ und beschränkt sind, so gilt

$$\int X \, dP = \int X_1^+ \, dP - \int X_1^- \, dP.$$

In der Tat gilt $X_1^+ \geq X^+ = \max(0, X)$, $X_1^- \geq X^- = \max(0, -X)$. Also existiert eine meßbare Funktion

$Z \geqq 0$ derart, daß $X_1^{\pm} = X^{\pm} + Z$ ist, und es gilt

$$\int X\,\mathsf{dP} = \int X^+\,\mathsf{dP} - \int X^-\,\mathsf{dP} + \int Z\,\mathsf{dP} - \int Z\,\mathsf{dP}$$
$$= \int X_1^+\,\mathsf{dP} - \int X_1^-\,\mathsf{dP}.$$

3. Im allgemeineren Falle gilt

$$\int (X + Y)\,\mathsf{dP} = \int [(X^+ + Y^+) - (X^- + Y^-)]\,\mathsf{dP}$$
$$= \int (X^+ + Y^+)\,\mathsf{dP} - \int (X^- + Y^-)\,\mathsf{dP}$$
$$= \int X^+\,\mathsf{dP} - \int X^-\,\mathsf{dP} + \int Y^+\,\mathsf{dP}$$
$$- \int Y^-\,\mathsf{dP} = \int X\,\mathsf{dP} + \int Y\,\mathsf{dP}.$$

I 3. *Sei a eine beliebige Konstante. Es ist*

$$\int aX\,\mathsf{dP} = a \int X\,\mathsf{dP}.$$

I 4. *Aus $X \leqq Y$ folgt $\int X\,\mathsf{dP} \leqq \int Y\,\mathsf{dP}$.*

Der Beweis der Eigenschaften I 3. und I 4. ist offensichtlich.

In der Wahrscheinlichkeitstheorie nennt man das Integral $\int X(\omega)\,\mathsf{P}(\mathrm{d}\omega)$ *Erwartungswert* der ZG X und schreibt dafür $\mathsf{E}X$.

Man kann dann die Eigenschaften I 1. bis I 4. als Eigenschaften von Erwartungswerten aufschreiben:

I′ 1. $\mathsf{E}X = \sum_j \mathsf{E}(XI_{A_j})$,

falls die A_j paarweise disjunkt sind und $\bigcup_j A_j = \Omega$ ist.

I′ 2. $\mathsf{E}(X + Y) = \mathsf{E}X + \mathsf{E}Y$

I′ 3. $\mathsf{E}(aX) = a\mathsf{E}X$

I′4. $\mathsf{E}X \leqq \mathsf{E}Y$, falls $X \leqq Y$.

Wir verwenden im weiteren die Schreibweise $\mathsf{E}(X; A) = \mathsf{E}(XI_A) = \int_A X\,\mathsf{dP}$.

Wir werden jetzt das Integral im allgemeinen Fall definieren.

Definition 4. Als *Integral einer meßbaren Funktion*

$X(\omega) \geqq 0$ bezeichnet man die Zahl

$$\mathsf{E}X = \int X \, d\mathsf{P} = \lim_{n\to\infty} \int_{\{X \leqq n\}} X \, d\mathsf{P} = \lim_{n\to\infty} \mathsf{E}(X; X \leqq n).$$

Man sagt, daß das Integral $\mathsf{E}X$ *existiert*, falls diese Zahl endlich ist. Die Funktion X heißt dann *integrierbar*. Ist diese Zahl unendlich, so heißt X *quasi-integrierbar*. Für eine Funktion $X(\omega)$, die sowohl negative als auch positive Werte annehmen kann, definieren wir

$$\mathsf{E}X = \int X \, d\mathsf{P} = \int X^+ \, d\mathsf{P} - \int X^- \, d\mathsf{P} = \mathsf{E}X^+ - \mathsf{E}X^-,$$

falls eines der Integrale $\mathsf{E}X^+$ oder $\mathsf{E}X^-$ existiert. Man sagt, daß das Integral $\mathsf{E}X$ existiert, falls beide Integrale $\mathsf{E}X^+$ und $\mathsf{E}X^-$ existieren. Die Funktion X heißt dann integrierbar. Ist $\mathsf{E}X$ eindeutig bestimmt (d. h., $\mathsf{E}X^+$ oder $\mathsf{E}X^-$ ist endlich), aber nicht endlich, so bezeichnet man X als quasi-integrierbar.

Im Sinne dieser Definition ist jede beschränkte meßbare Funktion X integrierbar, unbeschränkte Funktionen müssen nicht integrierbar sein (auch nicht quasi-integrierbar). Aus der Definition 4 folgt sofort der

Satz 1. *Eine meßbare Funktion X ist genau dann integrierbar, wenn $|X|$ integrierbar ist. Aus der Integrierbarkeit von X folgt die Existenz des Integrals*

$$\int_A X \, d\mathsf{P} = \int X I_A \, d\mathsf{P} = \mathsf{E}(X; A) \quad \textit{für jedes } A \in \mathfrak{F}.$$

Der Leser kann selbständig beweisen, daß die Eigenschaften I 1. bis I 4. des Integrals, die für beschränkte zufällige Größen bewiesen wurden, auch im allgemeinen Fall gelten. Beim Beweis der Gleichung (2) (Eigenschaft I 1.) muß man die Beziehung

$$\lim_{n\to\infty} \mathsf{E}\left(X_n; \bigcup_{j=N}^{\infty} A_j\right) \leqq \mathsf{E}\left(X; \bigcup_{j=N}^{\infty} A_j\right) \to 0$$

für $N \to \infty$ ausnutzen. Diese Beziehung ist eine Folge des folgenden Lemmas, das wir gesondert formulieren.

Lemma 2. *Ist X integrierbar oder quasi-integrierbar, so gilt für jede Folge $A_n \in \mathfrak{F}$ mit der Eigenschaft $\mathsf{P}(A_n) \to 0$ für $n \to \infty$ die Beziehung*

$$\mathsf{E}(X; A_n) \to 0.$$

Beweis: Wir führen den Beweis für integrierbare X. Für beliebiges $\varepsilon > 0$ existiert ein $m(\varepsilon)$, so daß

$$\mathsf{E}|X| - \mathsf{E}(|X|; |X| \leqq m) < \varepsilon$$

für alle $m \geqq m(\varepsilon)$ gilt. Daher ist für jedes $A \in \mathfrak{F}$

$$\mathsf{E}(|X|; A) - \mathsf{E}(|X|; \{|X| \leqq m\} \cap A) = \mathsf{E}(|X|; \{|X| > m\} \cap A)$$
$$= \mathsf{E}(|X| I_A; |X| > m) < \varepsilon$$

für alle $m \geqq m(\varepsilon)$. Wählt man n so groß, daß $\mathsf{P}(A_n) \leqq \dfrac{\varepsilon}{m(\varepsilon)}$ ist, so erhält man die Abschätzung

$$\mathsf{E}(|X|; A_n) \leqq \mathsf{E}\big(|X|; \{|X| \leqq m(\varepsilon)\} \cap A_n\big) + \varepsilon \leqq$$
$$m(\varepsilon)\, \mathsf{P}(A_n) + \varepsilon \leqq 2\varepsilon. \blacksquare$$

Die Eigenschaft I 2. gilt auch für quasi-integrierbare Funktionen mit Ausnahme des Falles $\mathsf{E}X = +\infty$, $\mathsf{E}Y = -\infty$ oder umgekehrt.

Wir geben noch weitere wichtige Eigenschaften von Integralen an, die sich leicht aus den Eigenschaften I 1. bis I 4. ableiten lassen.

I 5. $|\mathsf{E}X| \leqq \mathsf{E}|X|$, *denn es ist* $|\mathsf{E}X| \leqq \mathsf{E}X^+ + \mathsf{E}X^- = \mathsf{E}|X|$.

I 6. *Aus* $C_1 \leqq X \leqq C_2$ *folgt* $C_1 \leqq \mathsf{E}X \leqq C_2$.

I 7. *Aus* $X \geqq 0$ *und* $\mathsf{E}X = 0$ *folgt* $\mathsf{P}(X = 0) = 1$.

Beweis: Nimmt man an, daß $\mathsf{P}(X > 0) > 0$ ist, so folgt daraus die Existenz eines $\varepsilon > 0$ derart, daß

$$\mathsf{P}(X \geqq \varepsilon) = q > 0; \quad \mathsf{E}X \geqq \mathsf{E}(X; X \geqq \varepsilon) \geqq \varepsilon q > 0$$

im Widerspruch zur Annahme ist. $\blacksquare$

I 8. *Aus* $\mathsf{P}(X = Y) = 1$ *und der Quasiintegrierbarkeit von* X *folgt die Gleichung* $\mathsf{E}X = \mathsf{E}Y$.

Beweis: Für jedes n ist

$$\mathsf{E}(Y;|Y|\leqq n)=\mathsf{E}(YI_{\{X=Y\}};|Y|\leqq n)+\mathsf{E}(YI_{\{X\neq Y\}};|Y|\leqq n)$$
$$=\mathsf{E}(YI_{\{X=Y\}};\ |Y|\leqq n)$$
$$=\mathsf{E}(XI_{\{X=Y\}};\ |X|\leqq n)=\mathsf{E}(X;\ |X|\leqq n),$$

denn

$$\mathsf{E}(YI_{\{X\neq Y\}};\ |Y|\leqq n)\leqq n\mathsf{P}(X\neq Y)=0.$$

Also gilt

$$\mathsf{E}Y=\lim_{n\to\infty}\mathsf{E}(Y;|Y|\leqq n)=\lim_{n\to\infty}\mathsf{E}(X;|X|\leqq n)=\mathsf{E}X. \ \blacksquare$$

I 9. *Aus* $\mathsf{E}(X;A)=0$ *für alle* $A\in\mathfrak{F}$ *folgt* $X=0$ f. ü.

Beweis.

1. Aus $\int_A X\,\mathrm{d}\mathsf{P}\geqq 0$ für alle $A\in\mathfrak{F}$ folgt $X\geqq 0$ f. ü. Sei $A_0=\{\omega:X(\omega)<0\}$. Es gilt $A_0=\bigcup_{n=1}^{\infty}A_n$ mit $A_n=\left\{\omega:X(\omega)<-\frac{1}{n}\right\}$. Laut Voraussetzung ist auch $\int_{A_n}X\,\mathrm{d}\mathsf{P}\geqq 0$. Andererseits ist $\int_{A_n}X\,\mathrm{d}\mathsf{P}\leqq-\frac{1}{n}\mathsf{P}(A_n)$. Daraus folgt, $\mathsf{P}(A_n)=0$ für alle $n\geqq 1$ und damit $\mathsf{P}(A_0)=0$.

2. Aus $\int_A X\,\mathrm{d}\mathsf{P}=0$ folgt $\int_A X\,\mathrm{d}\mathsf{P}\geqq 0$ und $\int_A X\,\mathrm{d}\mathsf{P}\leqq 0$.

Aus dem 1. Beweisschritt ergibt sich also $X\geqq 0$ f. ü. und $X\leqq 0$ f. ü., folglich $X=0$ f. ü. $\blacksquare$

Aufgaben

1. Man zeige, daß aus $\int|X_n|\,\mathrm{d}\mathsf{P}\to 0$ folgt $X_n\xrightarrow{\mathsf{P}}0$.
2. Zeigen Sie, daß die Ungleichung
$$\left|\int X(\omega)\,\mu(\mathrm{d}\omega)\right|\leqq\int|X(\omega)|\,\mu(\mathrm{d}\omega)$$
gilt.

2.4. *Weitere Eigenschaften von Integralen*

Satz 1 (Lebesgue). *Die Folge* $\{X_n\}$ *konvergiere für* $n \to \infty$ *fast überall oder stochastisch gegen* X, *und es gelte* $|X_n| \leqq Y$. *Aus der Existenz von* $\mathsf{E}Y$ *folgt dann die Existenz von* $\mathsf{E}X$, *und es gilt*

$$\mathsf{E}X = \lim_{n\to\infty} \mathsf{E}X_n .$$

Beweis. Das Integral $\mathsf{E}X$ existiert, da $|X| \leqq Y$ f. ü. und

$$\begin{aligned} \mathsf{E}|X| &= \lim_{n\to\infty} \mathsf{E}(|X|\,;\,|X| \leqq n) \\ &\leqq \lim_{n\to\infty} \mathsf{E}(Y\,;\,|X| \leqq n) \leqq \mathsf{E}Y < \infty \end{aligned}$$

ist. Aus der Konvergenz $X_n \to X$ f. ü. folgt die stochastische Konvergenz, d. h. die Gültigkeit der Beziehung

$$\mathsf{P}(|X_n - X| > \varepsilon) \xrightarrow[n\to\infty]{} 0 \quad \text{für jedes } \varepsilon > 0 .$$

Also gilt nach Lemma 3.2. für jedes $\delta > 0$ für genügend große n

$$\mathsf{E}(Y\,;\,|X - X_n| > \varepsilon) < \delta .$$

Daraus ergibt sich

$$\begin{aligned} |\mathsf{E}X_n - \mathsf{E}X| &\leqq \mathsf{E}(|X_n - X|\,;\,|X_n - X| \leqq \varepsilon) \\ &\quad + \mathsf{E}(|X_n - X|\,;\,|X_n - X| > \varepsilon) \\ &\leqq \varepsilon + 2\mathsf{E}(Y\,;\,|X_n - X| > \varepsilon) \\ &\leqq \varepsilon + 2\delta . \quad \blacksquare \end{aligned}$$

Satz 2 (Beppo Levi). *Sei* $\{X_n\}$ *eine nichtfallende Folge nichtnegativer* ZG (*d. h.* $X_{n+1} \geqq X_n \geqq 0$ *für alle* n), *die für* $n \to \infty$ *fast überall gegen die* ZG X *konvergiert. Dann gilt*

$$\lim_{n\to\infty} \int X_n \, \mathsf{dP} = \int X \, \mathsf{dP} .$$

(*Hier ist* $\mathsf{E}X = +\infty$ *zugelassen; es ist* $\mathsf{E}X < +\infty$ *genau dann, wenn* $\lim_{n\to\infty} \mathsf{E}X_n < +\infty$ *ist.*)

Beweis. In Ergänzung zum Satz 1 bleibt es zu zeigen, daß aus $\mathsf{E}X_n \xrightarrow[n\to\infty]{} +\infty$ folgt $\mathsf{E}X = +\infty$. Setzt man

$$X_n{}^N = \min(X_n, N), \quad X^N = \min(X, N),$$

so gelten für $n \to \infty$

$$X_n{}^N \uparrow X^N \qquad \text{und} \qquad \mathsf{E}X_n{}^N \uparrow \mathsf{E}X^N.$$

Der Wert von $\mathsf{E}X_n{}^N$ kann also durch geeignete Wahl von n und N beliebig groß gemacht werden. ∎

Folgerung 1. *Sei* $\{X_n\}$ *eine Folge nichtnegativer* ZG. *Es ist stets*

$$\int \sum_{n=1}^{\infty} X_n \, \mathsf{dP} = \sum_{n=1}^{\infty} \int X_n \, \mathsf{dP}.$$

(*Beide Seiten sind gleichzeitig endlich oder unendlich.*)

Folgerung 2 (Eigenschaft I 1. aus 2.3.). *Seien* $X \geqq 0$ *integrierbar oder quasi-integrierbar und* $\{A_i\}$ *eine Folge paarweise disjunkter Mengen aus* $\mathfrak{F}$. *Es ist dann*

$$\int\limits_{\bigcup_{i=1}^{\infty} A_i} X \, \mathsf{dP} = \sum_{i=1}^{\infty} \int\limits_{A_i} X \, \mathsf{dP}.$$

Satz 3. *Ist die* ZG X *integrierbar und ist die* ZG Y *beschränkt, so ist die* ZG XY *ebenfalls integrierbar. Ist* $A \in \mathfrak{F}$ *und ist* Y *beschränkt auf* A, *so existiert* $\int\limits_A Y \, \mathsf{dP}$.

Beweis. Es gilt $|Y(\omega)| \leqq C$, also ist $|X(\omega)Y(\omega)| \leqq C|X(\omega)|$. Aus I 4. und I 3. aus 2.3 folgt die Ungleichung

$$\mathsf{E}|X \cdot Y| \leqq \mathsf{E}(C|X|) = C\mathsf{E}|X|.$$

Nach Voraussetzung ist aber $\mathsf{E}|X| < +\infty$.

Die zweite Behauptung des Satzes folgt aus der ersten, indem man $X = I_A$ einsetzt. ∎

Satz 4 (Lemma von Fatou). *Es sei* $\{X_n\}$ *eine Folge nichtnegativer integrierbarer* ZG. *Es gilt*

$$\varliminf_{n\to\infty} \mathsf{E}X_n \geqq \mathsf{E} \varliminf_{n\to\infty} X_n.$$

Ist $\underline{\lim}_{n\to\infty} \mathsf{E}X_n < +\infty$, *so ist* $\underline{\lim}_{n\to\infty} X_n$ *integrierbar.*

Beweis. Die Folge $Y_n(\omega) = \inf_{i\geq n} X_i(\omega)$ ist nichtfallend, und es ist $Y_n \leqq X_n$ für jedes n. Nach I 4. aus 2. 3 existieren die Integrale $\mathsf{E}Y_n$, und es ist $\mathsf{E}Y_n \leqq \mathsf{E}X_n$. Also ist

$$\lim_{n\to\infty} \int Y_n \, d\mathsf{P} \leqq \underline{\lim}_{n\to\infty} \int X_n \, d\mathsf{P}.$$

Außerdem existiert $\lim_{n\to\infty} Y_n(\omega)$ fast überall, und es ist

$$\lim_{n\to\infty} Y_n(\omega) = \underline{\lim}_{n\to\infty} X_n(\omega) = X(\omega).$$

Nach Satz 2 gilt

$$\int X \, d\mathsf{P} = \lim_{n\to\infty} \int Y_n \, d\mathsf{P} \leqq \underline{\lim}_{n\to\infty} \int X_n \, d\mathsf{P}. \quad \blacksquare$$

Seien $g(x)$ eine BORELsche Funktion auf $\mathbb{R}^1$ (d. h. für jedes B gilt $g^{-1}(B) \in \mathfrak{B}^1$) und X eine ZG über $[\Omega, \mathfrak{F}, \mathsf{P}]$. Die ZG X induziert, wie wir im Abschnitt 2.2 gesehen haben, einen Wahrscheinlichkeitsraum $[\mathbb{R}^1, \mathfrak{B}^1, \mathsf{P}_X]$, wobei $\mathsf{P}_X(B) = \mathsf{P}(X^{-1}(B))$ für jedes $B \in \mathfrak{B}^1$ gilt. Man kann also von Integralen bezüglich des Maßes P_X sprechen. Eine Funktion, deren Integral bezüglich P_X endlich ist, nennen wir P_X-integrierbar. Es gilt der folgende

Satz 5 (Transformationsformel für Erwartungswerte). *Die Funktion* (ZG) $Y = g \circ X$ *ist genau dann bezüglich* P *integrierbar (quasi-integrierbar), wenn die Funktion* g *bezüglich* P_X *integrierbar (quasi-integrierbar) ist. Es gilt*

$$\mathsf{E}Y = \int_{\Omega} Y(\omega) \, \mathsf{P}(d\omega) = \int_{\mathbb{R}^1} g(x) \, \mathsf{P}_X(dx).$$

Insbesondere gilt also $\mathsf{E}X = \int_{\mathbb{R}^1} x\mathsf{P}_X(dx)$, *wobei die eine Seite genau dann existiert, wenn die andere existiert.*

Beweis. Sei zunächst $g(x) = I_B(x)$ die Indikatorfunktion einer Menge $B \in \mathfrak{B}^1$. Dann ist $Y(\omega) = g(X(\omega)) =$

$= I_{\{\omega : X(\omega) \in B\}}(\omega)$, und es ist $\mathsf{E}X = \mathsf{P}(X \in B)$. Daher gilt

$$\int\limits_{\mathbb{R}^1} g(x)\,\mathsf{P}_X(\mathrm{d}x) = \int\limits_{\mathbb{R}^1} I_B(x)\,\mathsf{P}_X(\mathrm{d}x) = \mathsf{P}_X(B) = \mathsf{P}(X \in B) = \mathsf{E}Y.$$

Auf Grund der Eigenschaften des Integrals kann man leicht die Behauptung des Satzes für primitive Funktionen g beweisen. Durch den Grenzübergang kann man die Gültigkeit des Satzes für beschränkte Funktionen $g \geqq 0$ nachweisen. Sei $g \geqq 0$ (u. U. unbeschränkt). Ist die Funktion

$$g\big(X(\omega)\big)\,I_B\big(X(\omega)\big) = Y(\omega)\,I_{\{\omega : X(\omega) \in B\}}(\omega)$$

beschränkt, so gilt

$$\int\limits_{B} g(x)\,\mathsf{P}_X(\mathrm{d}x) = \mathsf{E}(Y\,;\,X \in B).$$

Also ist

$$\int\limits_{\{x : g(x) \leqq n\}} g(x)\,\mathsf{P}_X(\mathrm{d}x) = \mathsf{E}(Y\,;\,Y \leqq n).$$

Durch den Grenzüberganz $n \to \infty$ erhält man die Behauptung des Satzes. Die Betrachtung von Funktionen, die sowohl positive als auch negative Werte annehmen, bietet keine zusätzlichen Schwierigkeiten. ∎

Bisher haben wir nur Integrale bezüglich Wahrscheinlichkeitsmaßen betrachtet. Sei $[\Omega, \mathfrak{F}]$ ein meßbarer Raum und Q ein endliches Maß auf $\mathfrak{F}$. Das Integral $\int X\,\mathrm{d}Q = \int X(\omega)\,Q(\mathrm{d}\omega)$ einer reellwertigen meßbaren Funktion $X(\omega)$ bezüglich Q wird genauso schrittweise definiert wie für Wahrscheinlichkeitsmaße. (Wir können einfach $\int X(\omega)\,Q(\mathrm{d}\omega) = Q(\Omega) \int X(\omega)\,\mathsf{P}(\mathrm{d}\omega)$ setzen, wobei $\mathsf{P}(B) = \dfrac{Q(B)}{Q(\Omega)}$ gilt.)

Sämtliche in den vorangehenden Abschnitten angegebenen Eigenschaften des Integrals bezüglich eines W-Maßes P lassen sich auf Integrale bezüglich Q übertragen. Die Beweise erfahren ebenfalls keine Veränderungen.

Zum Satz 5 ist jedoch folgende Bemerkung notwendig. Es seien $[\Omega, \mathfrak{F}]$, $[\Omega', \mathfrak{F}']$ meßbare Räume, Q ein endliches Maß auf $\mathfrak{F}$ und X eine meßbare Abbildung von Ω in Ω'. Die Abbildung X induziert dann ein Maß Q_X auf $\mathfrak{F}'$, das durch

$$Q_X(A) = Q\big(X^{-1}(A)\big),\ A \in \mathfrak{F}',$$

definiert ist.

Sei g eine meßbare reellwertige Funktion auf Ω'. Dann ist $g \circ X$ ebenfalls meßbar. In Verallgemeinerung des Satzes 5 erhalten wir den

Satz 5'. *Die Funktion g ist genau dann bezüglich Q_X integrierbar (quasi-integrierbar), wenn die Funktion $g \circ X$ bezüglich Q integrierbar (quasi-integrierbar) ist, und es gilt*

$$\int_\Omega g\big(X(\omega)\big)\, Q(\mathrm{d}\omega) = \int_{\Omega'} g(\omega')\, Q_X(\mathrm{d}\omega').$$

Satz 6. *Für jede bezüglich Q integrierbare (quasi-integrierbare) Funktion X ist die Mengenfunktion*

$$\nu(A) = \int_A X(\omega)\, Q(\mathrm{d}\omega) = \int X(\omega)\, I_A(\omega)\, Q(\mathrm{d}\omega),\ A \in \mathfrak{F},$$

σ-additiv. Ist $X \geqq 0$ und integrierbar, so ist ν ein endliches Maß auf $\mathfrak{F}$.

Beweis. Es genügt, den Satz für nichtnegative X zu beweisen. (Sonst setzt man $X = X^+ - X^-$.)

Die Behauptung ergibt sich unmittelbar aus der Folgerung 2. ∎

Wir wollen nun auf den Begriff des Integrals bezüglich eines σ-endlichen Maßes μ auf einem meßbaren Raum $[\Omega, \mathfrak{F}]$ eingehen.

Satz 7. *Zu jedem σ-endlichen Maß μ auf $[\Omega, \mathfrak{F}]$ existieren ein W-Maß P auf diesem Raum sowie eine nichtnegative meßbare Funktion f, so daß gilt*

$$\mu(A) = \int f\, \mathrm{d}\mathsf{P}. \tag{1}$$

Beweis. Sei μ σ-endlich und $\{B_n\}$ eine meßbare Zerlegung von Ω mit $\mu(B_n) < \infty$ für alle n. Wir setzen

$$\mathsf{P}(A) = \sum_{k=1}^{\infty} \frac{\mu(A \cap B_k)}{2^k \mu(B_k)}. \tag{2}$$

Offensichtlich ist P ein W-Maß. Wenn $A \subseteq B_k$ ist, dann gilt $\mu(A) = 2^k \mu(B_k)\, \mathsf{P}(A)$. Wir definieren also $f(\omega) = 2^k \mu(B_k)$, wenn $\omega \in B_k$. ∎

Wir schreiben für f auch $f = \dfrac{d\mu}{d\mathsf{P}}$ (vgl. Abschnitt 2.5.)

Definition 1. Sei μ ein σ-endliches Maß auf $[\Omega, \mathfrak{F}]$ und X eine nichtnegative meßbare Funktion. Dann nennen wir

$$\int X \, d\mu = \int \left(X \frac{d\mu}{d\mathsf{P}} \right) d\mathsf{P}$$

das *Integral von X bezüglich* μ. Hierbei ist P ein beliebiges W-Maß, das der Bedingung (1) genügt (also z. B. (2)). Man überzeuge sich davon, daß diese Definition korrekt ist, d. h. nicht von der Auswahl von P abhängt.

Das Integral einer beliebigen meßbaren Funktion X erhält man mit Hilfe der Darstellung $X = X^+ - X^-$.

Insbesondere ist das LEBESGUE-Maß λ auf $[\mathbb{R}^1, \mathfrak{B}^1]$ σ-endlich. Für $\int f(x) \lambda(dx)$ schreiben wir gewöhnlich $\int f(x)\, dx$.

Definition 2. Eine meßbare Funktion, deren Integral bezüglich μ endlich ist, nennen wir *μ-integrierbar*. Die Menge aller μ-integrierbaren Funktionen bezeichnen wir mit $L(\mu)$ oder $L^1(\mu)$, die in der p-ten Potenz μ-integrierbaren Funktionen mit $L^p(\mu)$.

Aufgaben

1. Sei $\{X_n\}$ eine Folge von nichtnegativen ZG. Man beweise, daß $\sum_{n=1}^{\infty} X_n$ f. ü. konvergiert und

$$\int \sum_{n=1}^{\infty} X_n(\omega)\, \mu(d\omega) = \sum_{n=1}^{\infty} \int X_n(\omega)\, \mu(d\omega)$$

ist, falls $\sum_{n=1}^{\infty} \int X_n(\omega)\, \mu(d\omega) < +\infty$ ist.

2. Man überzeuge sich davon, daß aus $\lim_{n\to\infty} \int X_n(\omega)\, \mu(d\omega) = 0$ und $X_n(\omega) \geqq 0$ folgt, $X_n \xrightarrow{\mu} 0$, jedoch nicht unbedingt $X_n \longrightarrow 0$ μ-f. ü.
3. Allgemeiner als Satz 2 gilt: Aus $X_n \uparrow X$ für $n \to \infty$ folgt $\mathsf{E}X_n \uparrow \mathsf{E}X$, falls $\mathsf{E}X_n^+ < \infty$ für mindestens ein n gilt; aus $X_n \downarrow X$ für $n \to \infty$ folgt $\mathsf{E}X_n \downarrow \mathsf{E}X$, falls $\mathsf{E}X_n^- < \infty$ für mindestens ein n gilt.
   Man beweise diesen Satz.
4. Man zeige Satz 4 unter den allgemeineren Voraussetzungen $X_n \geqq Y$ für alle n und $\mathsf{E}\,|Y| < +\infty$.
5. Man zeige, daß $X_n \xrightarrow{\mathsf{P}} 0$ genau dann gilt, wenn $\varrho(X_n, 0) \to 0$, wobei $\varrho(X, Y) = \mathsf{E}\left(\frac{|X - Y|}{1 + |X - Y|}\right)$ ist.
6. Zwei σ-Unteralgebren $\mathfrak{F}_1$, $\mathfrak{F}_2$ sind genau dann unabhängig, wenn für beliebige positive $\mathfrak{F}_i$-meßbare ZG Y_i, $i = 1, 2$, gilt
$$\mathsf{E}(Y_1 Y_2) = \mathsf{E}Y_1 \cdot \mathsf{E}Y_2.$$

2.5. *Signierte Maße. Satz von Radon-Nikodym. Zerlegungssatz von Lebesgue*

Sei $[\Omega, \mathfrak{F}]$ ein meßbarer Raum.

Definition 1. Eine Abbildung $\tau : \mathfrak{F} \to \mathbb{R}^1$ heißt *signiertes Maß*, falls gilt

1. $\tau(\emptyset) = 0$.
2. (σ-Additivität) Für jede Folge $\{A_n\}$ von paarweise disjunkten Mengen aus $\mathfrak{F}$ gilt
$$\tau\left(\bigcup_{n=1}^{\infty} A_n\right) = \sum_{n=1}^{\infty} \tau(A_n).$$

Wir setzen also voraus, daß ein signiertes Maß nur endliche Werte annimmt, die aber negativ sein können. (In Halmos [5] findet man die Theorie von signierten Maßen, die einen unendlichen Wert ($+\infty$ oder $-\infty$) annehmen können.)

Definition 2. Eine Menge $E \in \mathfrak{F}$ heißt *Nullmenge* bezüglich τ, wenn $\tau(F) = 0$ für alle meßbaren Mengen $F \subseteq E$ gilt.

Definition 3. Eine Menge $Q \in \mathfrak{F}$ heißt *Träger* von τ, wenn $\Omega \setminus Q$ eine Nullmenge ist.

Bemerkung 1. Dieser Begriff ist nicht eindeutig, weil jede meßbare Menge, die einen Träger umfaßt, ebenfalls ein Träger ist.

Definition 4. Zwei signierte Maße τ_1 und τ_2 heißen *orthogonal*, $\tau_1 \perp \tau_2$, wenn ein Träger A von τ_1 und ein Träger B von τ_2 existieren, die disjunkt sind.

Man sieht leicht, daß diese Forderung äquivalent der folgenden ist: τ_1 und τ_2 sind orthogonal, wenn eine Menge $E \in \mathfrak{F}$ mit $\tau_2(E) = 0$ existiert, die Träger von τ_1 ist.

Ein signiertes Maß hat folgende Eigenschaften:

1. Für jede monoton nichtfallende Folge $\{A_n\}$, $A_n \in \mathfrak{F}$, ist

$$\tau\left(\bigcup_{n=1}^{\infty} A_n\right) = \lim_{n\to\infty} \tau(A_n).$$

2. Für jede monoton nichtwachsende Folge $\{A_n\}$, $A_n \in \mathfrak{F}$, gilt $\tau\left(\bigcap_{n=1}^{\infty} A_n\right) = \lim_{n\to\infty} \tau(A_n)$.

Man beweise diese Eigenschaften.

Definitionsgemäß nimmt ein signiertes Maß nur endliche Werte an. Es gilt sogar

Satz 1. *Der Wertebereich eines signierten Maßes τ ist beschränkt, d. h.*

$$\sup_{A\in\mathfrak{F}} |\tau(A)| < +\infty.$$

Beweis. Nehmen wir an, es sei $\sup |\tau(A)| = +\infty$. Dann existiert eine Menge A mit $|\tau(A)| > 1 + |\tau(\Omega)|$. Aus $\tau(\Omega \setminus A) = \tau(\Omega) - \tau(A)$ und damit $|\tau(\Omega \setminus A)| \geqq |\tau(A)| - |\tau(\Omega)| > 1$ schlußfolgern wir

$$|\tau(A)| > 1 \quad \text{und} \quad |\tau(\Omega \setminus A)| > 1.$$

Nehmen wir o. B. d. A. an, daß $\sup_{Q\subseteq A} |\tau(Q)| = +\infty$ (denn für eine der Mengen A oder $\Omega \setminus A$ muß das Supremum unendlich sein) und setzen $A_1 = A$. Wir wenden nun den ersten Beweisschritt auf A_1 an. Bei Fortsetzung dieses Verfahrens gelangen wir zu einer Folge $A_1 \supseteq A_2 \supseteq A_3 \supseteq \cdots$ mit $A_i \in \mathfrak{F}$, $|\tau(A_n)| > n$, $\sup\limits_{Q \subseteq A_n} |\tau(Q)| = +\infty$. Die Folge $\tau(A_n)$ ist also divergent, wogegen die Mengenfolge $\{A_n\}$ gegen $\bigcap\limits_{n=1}^{\infty} A_n$ konvergiert. Demzufolge müßte $\tau(A_n)$ gegen $\tau\left(\bigcap\limits_{n=1}^{\infty} A_n\right) < \infty$ konvergieren. Damit ist unsere Annahme $\sup\limits_{A \in \mathfrak{F}} |\tau(A)| = +\infty$ zum Widerspruch geführt. ∎

Der Satz 1 liefert uns die Voraussetzung zur Konstruktion einer Darstellung eines signierten Maßes als Differenz von Maßen.

Satz 2. *Sei τ ein signiertes Maß. Dann existiert eine meßbare Zerlegung $\Omega = \Omega^+ \cup \Omega^-$ mit folgenden Eigenschaften*

1. *Für $Q \subseteq \Omega^+$ ist $\tau(Q) \geqq 0$.*
2. *Für $Q \subseteq \Omega^-$ ist $\tau(Q) \leqq 0$.*

Beispiel 1. Sei $f \in L(\mu)$ und $\tau(E) = \int\limits_E f \, d\mu$. Die Mengen $\Omega^+ = \{\omega : f(\omega) > 0\}$ und $\Omega^- = \{\omega : f(\omega) \leqq 0\}$ genügen den Eigenschaften 1. und 2. von Satz 2.

Beweis von Satz 2. Sei $\sup\limits_{E \in \mathfrak{F}} \tau(E) = \alpha$. Dann existieren Mengen $E_n \in \mathfrak{F}$ mit $\tau(E_n) > \alpha - \frac{1}{2^n}$. Da τ eine additive Mengenfunktion ist, gilt für beliebige meßbare Mengen A und B

$$\tau(A) + \tau(B) = \tau(A \cup B) + \tau(A \cap B).$$

Mit Hilfe dieser Beziehung zeigt man induktiv,

$$\tau(E_n \cup E_{n+1} \cdots \cup E_{n+k}) > \alpha - \left(\frac{1}{2^n} + \frac{1}{2^{n+1}} + \cdots + \frac{1}{2^{n+k}}\right)$$
$$> \alpha - \frac{1}{2^{n-1}}.$$

Wenn $k \to \infty$ strebt, folgt daraus

$$\tau\left(\bigcup_{j=n}^{\infty} E_j\right) \geqq \alpha - \frac{1}{2^{n-1}}.$$

Wir bezeichnen $\bigcup_{j \geqq n} E_j$ mit B_n. Die Folge $\{B_n\}$ ist monoton nichtwachsend. Aus der letzten Ungleichung erhalten wir

$$\tau\left(\bigcap_{n=1}^{\infty} B_n\right) = \lim_{n\to\infty} \tau(B_n) \geqq \alpha\,.$$

Wir setzen $\Omega^+ = \bigcap_{n=1}^{\infty} B_n$. Wir haben $\tau(\Omega^+) \geqq \alpha$ gezeigt. Andererseits ist α das Supremum der Werte von τ. Daraus folgt $\tau(\Omega^+) = \alpha$. Weiterhin setzen wir $\Omega^- = \Omega \setminus \Omega^+$. Sei $E \subseteq \Omega^+$, $Q \subseteq \Omega^-$. Wäre $\tau(E) < 0$, dann hätten wir $\tau(\Omega^+ \setminus E) = \tau(\Omega^+) - \tau(E) > \alpha$, was zum Widerspruch führt. Entsprechend führt die Annahme $\tau(Q) > 0$ wegen $\tau(\Omega^+ \cup Q) = \tau(\Omega^+) + \tau(Q) > \alpha$ ebenfalls zum Widerspruch. ∎

Die Zerlegung $\Omega = \Omega^+ \cup \Omega^-$ wird HAHN*sche Zerlegung* genannt.

Folgerung 1. *Es existieren zwei Maße* τ^+ *und* τ^- *mit den Eigenschaften*

1. $\tau^+ \geqq 0, \quad \tau^- \geqq 0$
2. $\tau = \tau^+ - \tau^-$
3. $\tau^+ \perp \tau^-$.

Beweis. Wir definieren $\tau^+(E) = \tau(E \cap \Omega^+)$ und $\tau^-(E) = -\tau(E \cap \Omega^-)$. Den Rest des Beweises führe man selbständig. ∎

Die Zerlegung $\tau = \tau^+ - \tau^-$ heißt JORDAN*sche Zerlegung*. Das Maß $|\tau| = \tau^+ + \tau^-$ nennt man Variation des signierten Maßes. Die folgende Eigenschaft charakterisiert $|\tau|$: Es gilt für alle $A \in \mathfrak{F}$

$$|\tau|(A) = \sup \sum_{i \in I} |\tau(A_i)|\,,$$

wobei das Supremum über alle abzählbaren meßbaren Zerlegungen $\{A_i, i \in I\}$ von A genommen wird.

Durch $\|\tau\| = |\tau|(\Omega)$ wird eine Norm im linearen Raum aller signierten Maße auf $[\Omega, \mathfrak{F}]$ definiert, die diesen Raum zu einem BANACH-Raum macht. Die Konvergenz von Maßen bezüglich $\|\cdot\|$ bezeichnet man als Konvergenz in Variation (Konvergenz bezüglich des Variationsabstandes).

Definition 5. Es seien ν und μ zwei beliebige Maße auf $\mathfrak{F}$. Das Maß ν heißt *absolut stetig* bezüglich μ, wenn für jedes $E \in \mathfrak{F}$ aus $\mu(E) = 0$ die Beziehung $\nu(E) = 0$ folgt. Wir schreiben dafür $\nu \ll \mu$.

Lemma 1. *Seien μ und ν endliche Maße und $\nu \ll \mu$. Wenn ν nicht identisch Null ist, dann existierten ein $\varepsilon > 0$ und eine Menge $A \in \mathfrak{F}$ mit*

$$\mu(A) > 0 \text{ und } (\nu - \varepsilon\mu)(A \cap E) \geqq 0 \text{ für alle } E \in \mathfrak{F}.$$

Beweis. Sei $\Omega = \Omega_n^+ \cup \Omega_n^-$ die HAHNsche Zerlegung bezüglich des signierten Maßes $\nu - \frac{1}{n}\mu$ $(n = 1, 2, \ldots)$ (vgl. Satz 2). Wir setzen $A_0 = \bigcup_{n=1}^{\infty} \Omega_n^+$, $B_0 = \bigcap_{n=1}^{\infty} \Omega_n^-$. Aus $B_0 \subseteq \Omega_n^-$ folgt dann $0 \leqq \nu(B_0) \leqq \frac{1}{n}\mu(B_0), n = 1, 2, \ldots$. Also gilt $\nu(B_0) = 0$. Daraus folgt wiederum $\nu(A_0) > 0$, denn es ist $\overline{B}_0 = A_0$. Wegen $\nu \ll \mu$ ist auch $\mu(A_0) > 0$ und damit $\mu(\Omega_n^+) > 0$ für wenigstens ein n. Es genügt nun, $A = \Omega_n^+$ und $\varepsilon = \frac{1}{n}$ zu setzen. ∎

Der folgende Satz beschreibt vollständig die Struktur aller bezüglich eines σ-endlichen Maßes μ absolut stetigen Maße ν.

Satz 3 (RADON-NIKODYM). *Es seien μ und ν Maße auf $\mathfrak{F}$. Ist μ σ-endlich, so sind folgende Aussagen äquivalent:*

1. *Es existiert eine nichtnegative, μ-fast überall endliche*

Funktion f mit der Eigenschaft

$$\nu(A) = \int_A f(\omega)\, \mu(\mathrm{d}\omega) \quad \textit{für jedes } A \in \mathfrak{F}.$$

2. $\nu \ll \mu$ *und* ν *ist* σ*-endlich.*
Die in 1. *auftretende meßbare Funktion f ist im folgenden Sinne eindeutig bestimmt: Ist g eine meßbare Funktion mit der Eigenschaft* $\nu(A) = \int_A g(\omega)\, \mu(\mathrm{d}\omega)$ *für jedes* $A \in \mathfrak{F}$, *so ist* $f = g$ μ-f. ü.

Bemerkung 2. Ein entsprechender Satz gilt auch, wenn man statt ν ein beliebiges signiertes Maß τ betrachtet.

Beweis.

1. (1. $\Rightarrow$ 2.) Aus $\mu(A) = 0$ folgt $fI_A = 0$ μ-f. ü. Da $\nu(A) = \int (fI_A)(\omega)\, \mu(\mathrm{d}\omega)$ ist, folgt $\nu(A) = 0$. Weiter sei $\Omega = \bigcup_{n=0}^{\infty} \Omega_n$ mit $\mu(\Omega_n) < \infty$ und $A_n = \{\omega : n - 1 \leqq f(\omega) < n\}$ für $n = 1, 2, \ldots$ sowie $A_0 = \{\omega : f(\omega) = +\infty\}$. Laut Voraussetzung ist $\mu(A_0) = 0$. Wir betrachten die meßbare Zerlegung $\Omega = \bigcup_{i,j} \Omega_i \cap A_j$. Wir haben $\nu(\Omega_i \cap A_0) = 0$ und $\nu(\Omega_i \cap A_j) \leqq j\mu(\Omega_i) < +\infty$.

2. Seien ν und μ zunächst endlich, d. h. $\nu(\Omega), \mu(\Omega) < \infty$. Wir definieren folgende Familie von Funktionen

$$\Phi = \{f \in L(\mu) : f \geqq 0, \nu(E) \geqq \int_E f(\omega)\, \mu(\mathrm{d}\omega) \text{ für alle } E \in \mathfrak{F}\}.$$

Wir zeigen, daß Φ abgeschlossen bezüglich monotonem Grenzübergang ist. Sei $f_n \in \Phi$, $f_n(\omega) \leqq f_{n+1}(\omega)$, $n = 1, 2, \ldots$ Da $\nu(E) \geqq \int_E f_n(\omega)\, \mu(\mathrm{d}\omega)$ ist, folgt aus Satz 4.2.

$$\nu(E) \geqq \lim_{n\to\infty} \int_E f_n(\omega)\, \mu(\mathrm{d}\omega) = \int_E \lim_{n\to\infty} f_n(\omega)\, \mu(\mathrm{d}\omega).$$

Wählen wir $E = \Omega$, so folgt $\lim f_n \in L(\mu)$.

Die Familie Φ ist auch gegenüber der Operation max abgeschlossen. Sei nämlich $h = \max(f, g)$, $f, g \in \Phi$. Wir definieren

$$A = \{\omega \in \Omega : f(\omega) > g(\omega)\} = \{\omega \in \Omega : h(\omega) = f(\omega)\}$$

und

$$B = \{\omega \in \Omega : f(\omega) \leqq g(\omega)\} = \{\omega \in \Omega : h(\omega) = g(\omega)\}.$$

Offensichtlich sind A und B disjunkt und $A \cup B = \Omega$. Für eine beliebige Menge $E \in \mathfrak{F}$ gilt $E = (E \cap A) \cup (E \cap B)$. Aus

$$\nu(E \cap A) \geqq \int_{E \cap A} f \, d\mu = \int_{E \cap A} h \, d\mu$$

und

$$\nu(E \cap B) \geqq \int_{E \cap B} g \, d\mu = \int_{E \cap B} h \, d\mu$$

folgern wir

$$\nu(E) = \nu(E \cap A) + \nu(E \cap B) \geqq \int_{E \cap A} h \, d\mu + \int_{E \cap B} h \, d\mu = \int_E h \, d\mu.$$

Wir setzen $\alpha = \sup_{f \in \Phi} \int_\Omega f \, d\mu$. Dieses Supremum wird realisiert, d.h., es existiert eine Funktion $f \in \Phi$ mit $\int_\Omega f d\mu = \alpha$. Sei nämlich $\{f_n\}$ eine Folge von Funktionen aus Φ mit $\int_\Omega f_n \, d\mu > \alpha - \frac{1}{n}$. Wir betrachten die Folge $g_n = \max(f_1, \ldots, f_n)$. Diese Folge ist monoton nichtfallend und $g_n \in \Phi$. Damit ist $f = \lim_{n \to \infty} g_n \in \Phi$ und folglich $\int_\Omega f \, d\mu \leqq \alpha$. Andererseits folgt aus $g_n \geqq f_n$ die Ungleichung $\int_\Omega g_n \, d\mu > \alpha - \frac{1}{n}$ und somit $\int_\Omega f \, d\mu \geqq \alpha$. Also ist $\int_\Omega f \, d\mu = \alpha$. Wir setzen

$$\nu(E) = \left(\nu(E) - \int_E f \, d\mu\right) + \int_E f \, d\mu = \nu_s(E) + \int_E f \, d\mu.$$

3. Da $f \in \Phi$ ist, haben wir $\nu_s \geqq 0$. Es bleibt zu zeigen, daß $\nu_s \equiv 0$ ist. Wir bemerken $\nu_s \ll \mu$. Wäre ν_s nicht identisch Null, dann würden nach Lemma 1

ein $\varepsilon > 0$ und ein $A \in \mathfrak{F}$ existieren mit $\mu(A) > 0$ und

$$\varepsilon\mu(E \cap A) \leqq \nu_s(E \cap A) = \nu(E \cap A) - \int_{E \cap A} f \, \mathrm{d}\mu$$

für alle $E \in \mathfrak{F}$. Setzen wir $g = f + \varepsilon I_A$, dann erhalten wir für alle $E \in \mathfrak{F}$

$$\int_E g \, \mathrm{d}\mu = \int_E f \, \mathrm{d}\mu + \varepsilon\mu(E \cap A) \leqq \nu(E \cap A) + \int_{E \setminus A} f \, \mathrm{d}\mu$$
$$\leqq \nu(E \cap A) + \nu(E \setminus A) = \nu(E).$$

Also gilt $g \in \Phi$. Andererseits ist aber

$$\int_\Omega g \, \mathrm{d}\mu = \int_\Omega f \, \mathrm{d}\mu + \varepsilon\mu(A) > \alpha$$

im Widerspruch zur Auswahl von f.

Die Eindeutigkeit von f folgt aus Eigenschaft I 9. aus 2.3.

4. Seien nun μ und ν σ-endlich. Dann existiert eine meßbare Zerlegung $\{\Omega_n\}$ von Ω mit $\mu(\Omega_n) < \infty$ und $\nu(\Omega_n) < \infty$ $(n = 1, 2, \ldots)$. Für die Maße $\mu_n(E) = \mu(E \cap \Omega_n)$ und $\nu_n(E) = \nu(E \cap \Omega_n)$, $E \in \mathfrak{F}$, $n = 1, 2, \ldots$, sind die Voraussetzungen des 2. Beweisschrittes erfüllt, und es existieren nichtnegative Funktionen f_n, $n = 1, 2, \ldots$, für die gilt $\nu_n(E) = \int_E f_n \, \mathrm{d}\mu_n$. Sei $f(\omega) = f_n(\omega)$ für $\omega \in \Omega_n$, $n = 1, 2, \ldots$ Dann ist

$$\nu(E) = \sum_{n=1}^{\infty} \int_{E \cap \Omega_n} f_n \, \mathrm{d}\mu_n = \int_E f \, \mathrm{d}\mu. \quad \blacksquare$$

Bemerkung 3. Die μ-fast überall eindeutig bestimmte Funktion f bezeichnet man als RADON-NIKODYM-*Ableitung* oder *Dichte* von ν bezüglich μ. Wir schreiben dafür $f = \dfrac{\mathrm{d}\nu}{\mathrm{d}\mu}$ oder $\mathrm{d}\nu = f \, \mathrm{d}\mu$. Offenbar ist f genau dann integrierbar, wenn ν endlich ist.

Folgerung 2. *Ein endliches Maß ν ist genau dann bezüglich eines σ-endlichen Maßes μ absolut stetig, wenn zu* *jeder Zahl* $\varepsilon > 0$ *eine Zahl* $\delta > 0$ *derart existiert, daß für jedes* $A \in \mathfrak{F}$ *aus* $\mu(A) < \delta$ *die Beziehung* $\nu(A) < \varepsilon$ *folgt.*

Beweis. Offensichtlich ist die Bedingung hinreichend. Sei nun $\nu \ll \mu$. Nach Satz 3 existiert eine Dichte $f \in L(\mu)$, d. h. $\nu(E) = \int_E f \, d\mu$. Gemäß Lemma 3.2. konvergiert $\int_E f \, d\mu$ gegen Null, wenn $\mu(E)$ gegen Null konvergiert. ∎

Definition 6. Sei $[\Omega, \mathfrak{F}, \mathsf{P}]$ ein Wahrscheinlichkeitsraum. Eine ZG X heißt *absolut stetig*, wenn das durch sie induzierte Maß P_X auf $\mathfrak{B}^1$ absolut stetig bezüglich des, LEBESGUE-Maßes λ ist, d. h. wenn eine nichtnegative integrierbare Funktion f_X (die Dichte von X) existiert, so daß gilt

$$\mathsf{P}_X(B) = \int_B f_X(x) \, \lambda(dx) = \int_B f_X(x) \, dx, \quad B \in \mathfrak{B}^1.$$

Statt f_X schreiben wir meist nur f.

Offenbar ist X (d. h. P_X) genau dann absolut stetig, wenn gilt

$$F_X(x) = \int_{-\infty}^{x} f(u) \, du.$$

Wir werden im folgenden sehen, daß sich jedes W-Maß P auf $[\mathbb{R}^1, \mathfrak{B}^1]$ in eindeutiger Weise als Summe von drei W-Maßen $\mathsf{P} = \alpha_1 \mathsf{P}_a + \alpha_2 \mathsf{P}_d + \alpha_3 \mathsf{P}_s$, $\alpha_1 + \alpha_2 + \alpha_3 = 1$, $\alpha_i \geqq 0$, darstellen läßt; dabei ist $\mathsf{P}_a \ll \lambda$, P_d ein diskretes W-Maß, und P_s hat einen Träger vom LEBESGUE-Maß 0 und eine stetige Verteilungsfunktion. Zuerst beweisen wir jedoch den allgemeineren

Satz 4 (Zerlegungssatz von LEBESGUE). *Seien* μ *und* ν *zwei* σ*-endliche Maße auf* $[\Omega, \mathfrak{F}]$. *Dann existiert eine eindeutige Zerlegung*

$$\nu = \nu_a + \nu_0$$

derart, daß $\nu_a \ll \mu$ *und* $\nu_0 \perp \mu$ *gelten, und es existiert eine*

μ-f. ü. *eindeutig bestimmte Funktion* f, *für die gilt*

$$\nu(A) = \int_A f \, d\mu, \qquad A \in \mathfrak{F}.$$

Bemerkung 4. Offensichtlich folgt aus dem Satz von LEBESGUE der Satz von RADON-NIKODYM, denn für $\nu \ll \mu$ ist $\nu_0 \equiv 0$.

Beweis von Satz 4.

1. Analoge Überlegungen wie im 4. Beweisschritt von Satz 3 gestatten es uns, von vornherein endliche Maße zu betrachten. Seien also μ und ν endliche Maße.

2. Der 2. Beweisschritt zu Satz 3 benutzt die absolute Stetigkeit nicht und wird in vollem Umfang übernommen. Wir haben also eine nichtnegative Funktion $f \in L(\mu)$ gefunden, für die $\int_E f \, d\mu \leq \nu(E)$ für alle $E \in \mathfrak{F}$ und $\int_\Omega f \, d\mu = \sup_{g \in \Phi} \int_\Omega g \, d\mu$ gilt.

3. Wir setzen

$$\nu(E) = \int_E f \, d\mu + \left(\nu(E) - \int_E f \, d\mu\right) = \nu_a(E) + \nu_0(E).$$

Wir haben zu zeigen, daß $\nu_0 = \nu - \int_{(.)} f \, d\mu$ orthogonal zu μ ist, d. h. daß ein Träger von ν_0 existiert, dessen μ-Maß Null ist. Sei $\Omega_n^+ \cup \Omega_n^-$ die HAHNsche Zerlegung für das signierte Maß

$$\varphi_n = \nu_0 - \frac{1}{n} \mu.$$

Wir setzen $N = \bigcap_{n=1}^{\infty} \Omega_n^-$, dann ist $\overline{N} = \bigcup_n \Omega_n^+$ und für alle $A \in \mathfrak{F}$

$$0 \leq \nu_0(A \cap N) \leq \frac{1}{n} \mu(A \cap N).$$

Für $n \to \infty$ folgt hieraus $\nu_0(A \cap N) = 0$ und damit $\nu_0(A) = \nu_0(A \cap \overline{N})$. Das bedeutet, daß die Menge $\overline{N}$ ein

Träger von ν_0 ist. Da nun

$$\nu_a(A) = \nu(A) - \nu_0(A \cap \overline{N}) \leqq \nu(A) - \nu_0(A \cap \Omega_n^+)$$

ist, folgt

$$\int_A \left(f + \frac{1}{n} I_{\Omega_n^+}\right) d\mu = \nu_a(A) + \frac{1}{n} \mu(A \cap \Omega_n^+)$$

$$\leqq \mu(A) - \varphi_n(A \cap \Omega_n^+) \leqq \mu(A).$$

Das heißt aber, daß $f + \frac{1}{n} I_{\Omega_n^+} \in \Phi$ ist und folglich

$$\alpha \geqq \int \left(f + \frac{1}{n} I_{\Omega_n^+}\right) d\mu = \alpha + \frac{1}{n} \mu(\Omega_n^+)$$

gilt. Also ist $\mu(\Omega_n^+) = 0$ und somit auch $\mu(\overline{N}) = 0$.

4. Wir beweisen die Eindeutigkeit der Zerlegung $\nu = \nu_a + \nu_0$. Sei $\nu = \nu_a' + \nu_0'$ eine andere Zerlegung. Dann ist $\gamma \equiv \nu_a' - \nu_a = \nu_0' - \nu_0$. Wegen der Orthogonalität existieren solche Mengen N und N', daß $\nu_0(\overline{N}) = 0$, $\mu(N) = 0$, $\nu_0'(\overline{N}') = 0$, $\mu(N') = 0$.

Wir setzen $D = N \cup N'$. Dann gilt $\mu(D) = 0$. Wenn γ nicht identisch Null wäre, dann würde eine Menge A existieren mit $\gamma(A) \neq 0$. Demzufolge wäre entweder $\gamma(A \cap D) \neq 0$ oder $\gamma(A \cap \overline{D}) \neq 0$. Der erste Fall kann nicht eintreten, da aus $\mu(D) = 0$ folgt $\nu_a(D) = \nu_a'(D) = 0$. Ebenso ist der zweite Fall ausgeschlossen, da $\overline{D} = \overline{N} \cap \overline{N}'$ und folglich $\nu_0(\overline{D}) = \nu_0'(\overline{D}) = 0$ ist. Die Eindeutigkeit von f μ-f.ü. folgt aus I 9. aus Abschnitt 2.3. ∎

Wir kommen nun auf die angekündigte Zerlegung eines W-Maßes P auf $[\mathbb{R}^1, \mathfrak{B}^1]$ zurück. Das ist eine unmittelbare Folgerung aus Satz 4, angewendet auf $\nu = \mathsf{P}$ und $\mu = \lambda$.

Wir lösen nämlich aus der zu λ orthogonalen Komponente P_0 den diskreten Anteil heraus, indem wir zunächst alle Punkte x entfernen, für die $\mathsf{P}(\{x\}) \geqq \frac{1}{2}$, dann alle Punkte x, für die $\mathsf{P}(\{x\}) \geqq \frac{1}{3}$ usw. Offensichtlich erhalten wir bei diesem Verfahren höchstens abzählbar viele Punkte, und außerdem wird die diskrete Komponente P_d damit eindeutig beschrieben. Das Maß $\mathsf{P}_0 - \mathsf{P}_d = \mathsf{P}_s$ nennen wir singulären Anteil von P. Durch Normierung können wir schließlich zu W-Maßen übergehen und erhalten folgenden

Satz 5. *Jedes W-Maß auf* $[\mathbb{R}^1, \mathfrak{B}^1]$ *läßt sich eindeutig als konvexe Kombination von W-Maßen*

$$\mathsf{P} = \alpha_1 \mathsf{P}_a + \alpha_2 \mathsf{P}_d + \alpha_3 \mathsf{P}_s$$

darstellen, wobei $\mathsf{P}_a \ll \lambda$ *ist,* P_d *ein diskretes W-Maß,* $\mathsf{P}_s \perp \lambda$ *und die Verteilungsfunktion von* P_s *stetig ist.*

Die Zerlegung in Satz 5 heißt *Lebesguesche Zerlegung* von P.

Aufgaben

1. Seien $[\Omega, \mathfrak{F}]$ ein meßbarer Raum und τ ein signiertes Maß. Man zeige, daß für beliebige $A, B \in \mathfrak{F}$ gilt

$$\tau(A \cup B) = \tau(A) + \tau(B) - \tau(A \cap B).$$

2. Seien $\mu_1(E) = \int_E g \, d\mu_2$, wobei μ_2 σ-endlich ist, und g eine nichtnegative reellwertige Funktion. Für welche g gilt $\mu_2 \ll \mu_1$?
3. Zwei Maße μ_1 und μ_2 heißen äquivalent, wenn $\mu_1 \ll \mu_2$ und $\mu_2 \ll \mu_1$ gilt. Man zeige, daß zu jedem σ-endlichen Maß ein äquivalentes endliches Maß existiert.
4. Man gebe ein Beispiel für ein endliches Maß an, das dem Lebesgue-Maß auf $\mathfrak{B}^1$ äquivalent ist.
5. Seien P_1 und P_2 W-Maße auf $[\Omega, \mathfrak{F}]$ und $d\mathsf{P}_1 = \varrho \, d\mathsf{P}_2$, wobei ϱ eine nichtnegative meßbare Funktion ist. Man zeige, daß für jede ZG X gilt:
   a) Wenn $X \geqq 0$, dann ist $\int X \, d\mathsf{P}_1 = \int X\varrho \, d\mathsf{P}_2$.
   b) $X \in L(\mathsf{P}_1)$ genau dann, wenn $X\varrho \in L(\mathsf{P}_2)$, und es gilt die Gleichung aus a).
6. Für die Maße ν_1, ν_2 und μ gelte $\nu_1 \ll \mu$ und $\nu_2 \ll \mu$.
   a) Man gebe ein Beispiel an, in dem ν_1 nicht absolut stetig bezüglich ν_2, aber $\nu_2 \ll \nu_1$ ist.

b) Man gebe ein Beispiel an, in dem weder ν_1 noch ν_2 absolut stetig bezüglich ν_2 bzw. ν_1 sind.

7. Man zeige, daß zu je zwei Maßen ν_1 und ν_2 ein Maß μ existiert, so daß $\nu_1 \ll \mu$ und $\nu_2 \ll \mu$ gilt.

8. Es sei $\mu = \alpha_1\mu_1 + \alpha_2\mu_2$ $(\alpha_i \neq 0,\ i = 1, 2)$ die Mischung zweier Maße. Man zeige, daß aus $\mu \ll \nu$ auch $\mu_i \ll \nu$ folgt.

9. Es sei $[\mathbb{R}^1, \mathfrak{B}^1, \mathsf{P}]$ ein Wahrscheinlichkeitsraum. Die Verteilungsfunktion von P habe die Gestalt

$$F(x) = \begin{cases} 0 & x \leqq 0 \\ \frac{1}{16} & 0 < x \leqq \frac{1}{2} \\ x^4 & \frac{1}{2} < x \leqq \frac{3}{4} \\ \frac{1}{2} & \frac{3}{4} < x \leqq \frac{7}{8} \\ 1 & x > \frac{7}{8}. \end{cases}$$

Stellen Sie P in der Form $\alpha_1\mathsf{P}_a + \alpha_2\mathsf{P}_d$ dar.

10. Auf dem meßbaren Raum $[\mathbb{R}^1, \mathfrak{B}^1]$ sind die diskreten W-Maße

$$\mathsf{P}_1(\{k\}) = \begin{cases} \binom{n}{k} p^k(1-p)^{n-k}, & \text{falls } k = 0, 1, 2, \ldots, n, \\ 0 & \text{sonst} \end{cases}$$

($p \in [0, 1)$, Binomialverteilung)
und

$$\mathsf{P}_2(\{k\}) = \begin{cases} \frac{\lambda^k}{k!} e^{-\lambda}, & \text{falls } k = 0, 1, \ldots, \\ 0 & \text{sonst} \end{cases}$$

($\lambda > 0$, Poisson-Verteilung)
gegeben. Man zeige, daß $\mathsf{P}_1 \ll \mathsf{P}_2$ ist und gebe die Dichte an.

11. Man zeige, daß die zu den Verteilungsfunktionen F_1 und F_2 gehörenden W-Maße P_1 und P_2 äquivalent sind, wobei

$$F_1(x) = \begin{cases} 1 - e^{-\mu m t} \sum_{k=0}^{m-1} \frac{(\mu m t)^k}{k!}, & \text{falls } t > 0, \\ 0 & \text{sonst} \end{cases}$$

($m \in \mathbb{N} \setminus \{0\}$, $\mu > 0$, Erlang-Verteilung) und

$$F_2(x) = \begin{cases} 1 - \sum_{k=1}^{m} \pi_k e^{-\mu_k t}, & \text{falls } t > 0, \\ 0 & \text{sonst} \end{cases}$$

($\pi_k \geqq 0$ für $k = 1, \ldots, m$, $\sum_{k=1}^{m} \pi_k = 1$, hypergeometrische Verteilung) sei.

2.6. *Berechnung von Erwartungswerten*

Seien $[\Omega, \mathfrak{F}, \mathsf{P}]$ ein Wahrscheinlichkeitsraum und X eine ZG auf $[\Omega, \mathfrak{F}, \mathsf{P}]$. Das von X auf $\mathfrak{B}^1$ induzierte Maß bezeichnen wir wie stets mit P_X, die zugehörige Verteilungsfunktion mit F_X. Für jede Borelsche Funktion g auf $\mathbb{R}^1$ gilt nach Satz 4.5.

$$\mathsf{E}g(X) = \int_{\Omega} g(X(\omega)) \, \mathsf{P}(\mathrm{d}\omega) = \int_{-\infty}^{\infty} g(x) \, \mathsf{P}_X(\mathrm{d}x).$$

Definition 1. Das Integral $\int_{-\infty}^{\infty} g(x) \, \mathsf{P}_X(\mathrm{d}x)$ bezeichnet man auch als Lebesgue-Stieltjes-*Integral* von g bezüglich F_X und schreibt es in der Form

$$\int_{-\infty}^{\infty} g(x) \, \mathrm{d}F_X(x).$$

Aus Satz 5.5. folgt die Darstellung von P_X in der Form

$$\mathsf{P}_X = \alpha_1 \mathsf{P}_a + \alpha_2 \mathsf{P}_d + \alpha_3 \mathsf{P}_s.$$

Offensichtlich ergibt sich daraus eine analoge Darstellung für die Verteilungsfunktion F_X:

$$F_X = \alpha_1 F_a + \alpha_2 F_d + \alpha_3 F_s,$$

wobei F_a, F_d und F_s die den W-Maßen P_a, P_d und P_s entsprechenden Verteilungsfunktionen sind.

Beispiel 1. Ist F_X diskret, d. h. gilt $F_X = F_d$, so ist F_X eine Treppenfunktion der Form

$$F_X(x) = \sum_i p_i I_{(x_i, +\infty)},$$

wobei x_i die Werte der diskreten ZG X und $p_i = \mathsf{P}(X = x_i) = F_X(x_i + 0) - F_X(x_i)$ die Wahrscheinlichkeiten sind, mit denen diese Werte angenommen werden. Für $\mathsf{E}g(X)$ erhalten wir (siehe Definition 3.1.)

$$\mathsf{E}g(X) = \int_{-\infty}^{\infty} g(x)\, \mathrm{d}F_X(x) = \sum_i p_i g(x_i).$$

Im Spezialfall $g(x) = x$ folgt

$$\mathsf{E}X = \sum_i p_i x_i.$$

Beispiel 2. Ist F_X absolut stetig, d. h. $F_X = F_a$, so erhalten wir

$$\mathsf{E}g(X) = \int_{-\infty}^{\infty} g(x)\, \mathrm{d}F_X(x) = \int_{-\infty}^{\infty} g(x)\, \mathsf{P}_X(\mathrm{d}x) = \int_{-\infty}^{\infty} g(x)\, f(x)\, \mathrm{d}x\,.$$

wobei $f = \dfrac{\mathrm{d}P_X}{\mathrm{d}\lambda}$ ist. Im Spezialfall $g(x) = x$ folgt

$$\mathsf{E}X = \int_{-\infty}^{\infty} x f(x)\, \mathrm{d}x.$$

Beispiel 3. Ist F_X vom gemischten Typ, d. h. $F_X = \alpha_1 F_a + \alpha_2 F_d$, dann erhalten wir aus der Linearität des Integrals

$$\mathsf{E}g(X) = \sum_i p_i^d g(x_i) + \int_{-\infty}^{\infty} g(x)\, f_a(x)\, \mathrm{d}x,$$

wobei $p_i^d = \mathsf{P}_d(X = x_i)$ und $f_a = \dfrac{\mathrm{d}\mathsf{P}_a}{\mathrm{d}\lambda}$ ist.

Aus dem bisher Gesagten wird deutlich, daß sich das LEBESGUE-STIELTJES-Integral auf eine (möglicherweise) unendliche Summe oder (und) auf das Integral bezüglich des LEBESGUEschen Maßes (LEBESGUE-Integral) zurückführen läßt, wenn die Verteilungsfunktion F_X keinen singulären Anteil F_s besitzt. Ansonsten ist eine solche Reduktion nicht möglich.

Satz 1. *Es gilt*

$$\mathsf{E}X = -\int_{-\infty}^{0} F_X(x)\,\mathrm{d}x + \int_{0}^{\infty} \bigl(1 - F_X(x)\bigr)\,\mathrm{d}x,$$

wobei die rechte Seite genau dann endlich ist, wenn $\mathsf{E}X$ *existiert.*

Der Beweis ergibt sich leicht mit Hilfe des Satzes von FUBINI (siehe 2.7).

Das LEBESGUE-STIELTJES-Integral kann man oft auf das RIEMANN-STIELTJES-Integral zurückführen, das als Grenzwert von Integralsummen ähnlich wie das RIEMANN-Integral definiert wird.

Definition 2. Sei Φ eine von links stetige Funktion mit beschränkter Variation auf $[a, b)$ und g eine beliebige Funktion auf diesem Intervall. Wir betrachten eine Zerlegung

$$a = x_0 < x_1 < \cdots < x_n = b$$

von $[a, b)$ und bilden die Summe

$$\sum_{i=1}^{n} g(\xi_i)\,[\Phi(x_i) - \Phi(x_{i-1})] \tag{1}$$

mit $\xi_i \in [x_{i-1}, x_i)$. Wenn für $\max\,(x_i - x_{i-1}) \to 0$ diese Summen unabhängig von der Art der Zerlegung und von den ausgewählten ξ_i gegen einen Grenzwert streben, dann nennen wir diesen Grenzwert RIEMANN-STIELTJES-Integral der Funktion g bezüglich Φ und bezeichnen ihn mit

$$\int_a^b g(x)\,\mathrm{d}\Phi(x)\,.$$

Definition 3. Sind $a = -\infty$ und $b = +\infty$, so setzen wir

$$\int_{-\infty}^{\infty} g(x)\,\mathrm{d}\Phi(x) = \lim_{\substack{A \to -\infty \\ B \to +\infty}} \int_A^B g(x)\,\mathrm{d}\Phi(x)\,.$$

Wir führen nun einige Eigenschaften von RIEMANN-STIELTJES-Integralen an. Der Einfachheit halber wird g als stetig vorausgesetzt.

RS 1. Falls $\Phi = \Phi_1 + \Phi_2$ ist, dann gilt

$$\int_a^b g(x)\,\mathrm{d}\Phi(x) = \int_a^b g(x)\,\mathrm{d}\Phi_1(x) + \int_a^b g(x)\,\mathrm{d}\Phi_2(x).$$

RS 2. Das RIEMANN-STIELTJES-Integral hängt nicht von den Werten ab, die die Funktion Φ in ihren Unstetigkeitsstellen innerhalb von (a, b) annimmt.

RS 3. Wenn Φ stetig und g von beschränkter Variation ist, gilt

$$\int_a^b g(x)\,\mathrm{d}\Phi(x) = \Phi(x)\,g(x)|_a^b - \int_a^b \Phi(x)\,\mathrm{d}g(x).$$

Man beweise diese Eigenschaften.

Bemerkung 1. Wir haben das RIEMANN-STIELTJES-Integral auf dem Intervall $[a, b)$ definiert. Analog kann man dieses Integral für $(a, b]$, $[a, b]$, (a, b) definieren. Im Unterschied zum gewöhnlichen RIEMANN-Integral sind jedoch die Werte dieser Integrale voneinander verschieden. Wenn z. B. a ein Unstetigkeitspunkt von Φ ist, dann ist das Integral über $[a, b]$ gleich dem Integral über $(a, b]$ plus $g(a)\,[\Phi(a + 0) - \Phi(a)]$. In wichtigen Fällen läßt sich nun das LEBESGUE-STIELTJES-Integral auf ein RIEMANN-STIELTJES-Integral zurückführen.

Satz 2. *Wenn die Funktion g stetig auf $[a, b]$ ist, dann existiert das Riemann-Stieltjes-Integral $\int_a^b g(x)\,\mathrm{d}\Phi(x)$ und ist mit dem entsprechenden Lebesgue-Stieltjes-Integral identisch.*

Beweis. Die Integralsumme (1) kann man als LEBESGUE-STIELTJES-Integral der Treppenfunktion

$$g_n(x) = g(\xi_i) \quad \text{für} \quad x_{i-1} < x \leqq x_i$$

auffassen. Bei Verfeinerung der Zerlegung, d. h. für $\max(x_i - x_{i-1}) \to 0$, konvergiert die Folge $\{g_n\}$ gleichmäßig gegen g. Der Grenzwert der Summen ist dann gerade das LEBESGUE-STIELTJES-Integral. ∎

Sei F eine Verteilungsfunktion. Bekanntlich ist sie darstellbar als Summe einer Treppenfunktion und einer stetigen Funktion. Aus RS 1, RS 3 und Satz 2 erhalten wir folgenden

Satz 3. *Falls g von beschränkter Variation ist, ist das Riemann-Stieltjes-Integral $\int_a^b g(x)\,\mathrm{d}F(x)$ mit dem entsprechenden Lebesgue-Stieltjes-Integral identisch.*

Im Spezialfall, wenn F absolut stetig mit der Dichte f ist und f und g stetig sind, führt das STIELTJES-Integral auf ein einfaches RIEMANN-Integral

$$\int_a^b g(x)\,\mathrm{d}F(x) = \int_a^b g(x)\,f(x)\,\mathrm{d}x.$$

In Abschnitt 2. haben wir durch die stochastische Konvergenz und die Konvergenz f. ü. die Nachbarschaft von ZG, die auf demselben Wahrscheinlichkeitsraum definiert sind, beschrieben. Der folgende Satz bildet gewissermaßen den Übergang zu einer weiteren Konvergenz, die wir danach einführen werden.

Satz 4. *Seien F, F_n, $n = 1, 2, \ldots$, Verteilungsfunktionen mit der Eigenschaft, daß für jede stetige und beschränkte Funktion f*

$$\int f(x)\,\mathrm{d}F_n(x) \xrightarrow[n\to\infty]{} \int f(x)\,\mathrm{d}F(x)$$

gilt. Dann existieren eine ZG X und eine Folge von ZG $\{X_n\}$ auf demselben Wahrscheinlichkeitsraum $[\Omega, \mathfrak{F}, \mathsf{P}]$, so daß

$$X_n \xrightarrow[n\to\infty]{\mathsf{P}} X$$

gilt (vgl. etwa [2]).

Sind die ZG auf verschiedenen Wahrscheinlichkeitsräumen gegeben, so definieren wir ihre Nachbarschaft mit Hilfe der induzierten Maße bzw. Verteilungsfunktionen.

Definition 4. Die Folge von Verteilungsfunktionen $\{F_n\}$ *konvergiert schwach* gegen eine Verteilungsfunktion F (bzw. die entsprechenden Verteilungsgesetze P_n konvergieren schwach gegen P), falls für jede stetige und beschränkte Funktion f auf $\mathbb{R}^1$

$$\int f(x)\,\mathrm{d}F_n(x) \xrightarrow[n\to\infty]{} \int f(x)\,\mathrm{d}F(x)$$

gilt. Wir schreiben dafür $F_n \Rightarrow F$ (bzw. $\mathsf{P}_n \Rightarrow \mathsf{P}$). Eine andere Definition der schwachen Konvergenz wird durch die folgende Behauptung möglich (vgl. z. B. BOROWKOW [2]).

Satz 5. *Es gilt $F_n \Rightarrow F$ genau dann, wenn in jedem Stetigkeitspunkt x von F die Beziehung $F_n(x) \to F(x)$ gilt.*

Aufgaben

1. Man gebe eine stetige monotone Funktion g und eine stetige Funktion f derart an, daß

$$\int_0^1 f(x)\,\mathrm{d}g(x) \neq \int_0^1 f(x)\,g'(x)\,\mathrm{d}x$$

ist (g ist nicht absolut stetig).

2. Man berechne das Integral $\int_0^1 \varphi(x)\,\mathrm{d}F(x)$ mit

$$\varphi(x) = \begin{cases} 1 & \text{für } 0 \leqq x \leqq \frac{1}{2} \\ 0 & \text{für } \frac{1}{2} < x \leqq 1 \end{cases}, \quad F(x) = \begin{cases} 0 & \text{für } 0 \leqq x \leqq \frac{1}{2} \\ 1 & \text{für } \frac{1}{2} < x \leqq 1 \end{cases}.$$

3. Wann gilt für LEBESGUE-STIELTJES-Integrale die Gleichung

$$\int_{[a,b]} g(x)\,\mathrm{d}F(x) = \int_{[a,c]} g(x)\,\mathrm{d}F(x) + \int_{[c,b]} g(x)\,\mathrm{d}F(x)?$$

4. Sei

$$g(x) = \begin{cases} 1, & \text{falls } x \text{ rational,} \\ 0, & \text{falls } x \text{ irrational} \end{cases}$$

(DIRICHLET-Funktion). Man zeige, daß das LEBESGUE-Integral von dieser Funktion auf [0, 1] gleich Null ist, während das RIEMANN-Integral nicht existiert.

2.7. *Satz von Fubini*

Wir betrachten den Produktraum $[\Omega_1 \times \Omega_2, \mathfrak{F}_1 \otimes \mathfrak{F}_2]$.

Definition 1. Sei A eine beliebige Menge aus $\Omega_1 \times \Omega_2$ und $\omega_1(\omega_2)$ ein beliebiges Element aus $\Omega_1(\Omega_2)$. Als ω_1-*Schnitt* (ω_2-*Schnitt*) von A bezeichnet man die Menge

$$A_{\omega_1} = \{\omega_2 : (\omega_1, \omega_2) \in A\} \subseteq \Omega_2$$
$$(A_{\omega_2} = \{\omega_1 : (\omega_1, \omega_2) \in A\} \subseteq \Omega_1).$$

Sei f eine beliebige reellwertige Funktion auf $\Omega_1 \times \Omega_2$. Als ω_1-Schnitt von f bezeichnet man die Funktion f_{ω_1} auf Ω_2 mit der Eigenschaft

$$f_{\omega_1}(\omega_2) = f(\omega_1, \omega_2), \quad \omega_2 \in \Omega_2.$$

Analog werden die ω_2-*Schnitte* von f definiert.

Satz 1. 1. *Jeder Schnitt einer meßbaren Menge A ($A \in \mathfrak{F}_1 \otimes \mathfrak{F}_2$) ist meßbar.*

2. *Jeder Schnitt einer meßbaren Funktion h auf $\Omega_1 \times \Omega_2$ ist meßbar (bezüglich $\mathfrak{F}_1$ bzw. $\mathfrak{F}_2$).*

Beweis. a) Sei $\mathfrak{G}$ die Klasse der Mengen aus $\Omega_1 \times \Omega_2$, deren Schnitte meßbar sind. Offenbar ist $\mathfrak{G}$ eine σ-Algebra. Ist $E = A_1 \times A_2$, so ist ein beliebiger Schnitt von E entweder leer, oder er stimmt mit A_1 bzw. A_2 überein. Also ist

$$\mathfrak{F}_1 \otimes \mathfrak{F}_2 \subseteq \mathfrak{G}.$$

b) Sei h eine meßbare Funktion auf $\Omega_1 \times \Omega_2$, $\omega_1 \in \Omega_1$ und $B \in \mathfrak{B}^1$.

Offenbar gilt

$$h_{\omega_1}^{-1}(B) = \{\omega_2 : h(\omega_1, \omega_2) \in B\}$$
$$= \{\omega_2 : (\omega_1, \omega_2) \in h^{-1}(B)\} = \big(h^{-1}(B)\big)_{\omega_1}.$$

Aus der Behauptung 1. des Satzes folgt $\big(h^{-1}(B)\big)_{\omega_1} \in \mathfrak{F}_2$. Analog wird die Meßbarkeit von h_{ω_2} bewiesen. ∎

Satz 2. *Es seien $[\Omega_1, \mathfrak{F}_1, \nu_1]$, $[\Omega_2, \mathfrak{F}_2, \nu_2]$ meßbare Räume mit σ-endlichen Maßen und A eine beliebige Menge aus $\mathfrak{F}_1 \otimes \mathfrak{F}_2$.*

Die Funktionen

$$f(\omega_1) = \nu_2(A_{\omega_1}), \quad g(\omega_2) = \nu_1(A_{\omega_2})$$

sind meßbare nichtnegative Funktionen auf Ω_1 bzw. Ω_2, und es gilt

$$\int f \, \mathrm{d}\nu_1 = \int g \, \mathrm{d}\nu_2 .$$

Beweis. Offenbar enthält das System $\mathfrak{M}$ aller Teilmengen von $\Omega_1 \times \Omega_2$, für die die Behauptung des Satzes gilt, alle Mengen der Form $A_1 \times A_2$ $(A_1 \in \mathfrak{F}_1, A_2 \in \mathfrak{F}_2)$, und alle endlichen Vereinigungen disjunkter solcher Mengen. Es bleibt noch zu zeigen, daß $\mathfrak{M}$ eine σ-Algebra ist. Das folgt leicht aus den angegebenen Sätzen über Vertauschung von Integration und Grenzübergang. ∎

Satz 3. *Es seien $[\Omega_1, \mathfrak{F}_1]$, $[\Omega_2, \mathfrak{F}_2]$ meßbare Räume und ν_1, ν_2 σ-endliche Maße auf Ω_1 bzw. Ω_2. Das eindeutig bestimmte σ-endliche Maß $\nu = \nu_1 \times \nu_2$ besitzt folgende Eigenschaft:*

Für eine beliebige Menge $A \in \mathfrak{F}_1 \otimes \mathfrak{F}_2$ gilt

$$\nu(A) = \int \nu_2(A_{\omega_1}) \, \nu_1(\mathrm{d}\omega_1) = \int \nu_1(A_{\omega_2}) \, \nu_2(\mathrm{d}\omega_2) .$$

Beweis. Die Behauptung des Satzes folgt aus Satz 2. ∎

Betrachten wir jetzt den Raum $[\Omega_1 \times \Omega_2, \mathfrak{F}_1 \otimes \mathfrak{F}_2, \nu_1 \times \nu_2]$, wobei ν_1, ν_2 σ-endliche Maße auf $\mathfrak{F}_1$ bzw. $\mathfrak{F}_2$ sind. Sei h eine meßbare reellwertige Funktion auf $\Omega_1 \times \Omega_2$, für die das Integral

$$\int\limits_{\Omega_1 \times \Omega_2} h(\omega) \, (\nu_1 \times \nu_2) \, (\mathrm{d}\omega)$$

einen Sinn hat, d. h., h ist bezüglich $\nu_1 \times \nu_2$ quasi-integrierbar. Das Integral $\int_{\Omega_1 \times \Omega_2} h(\omega)\,(\nu_1 \times \nu_2)\,(\mathrm{d}\omega)$ wird als Doppelintegral von h bezeichnet. Die Funktionen (Schnitte von h) $h_{\omega_1}(\omega_2)$ und $h_{\omega_2}(\omega_1)$ sind in ω_2 bzw. ω_1 meßbar. Die Integrale

$$\int_{\Omega_2} h_{\omega_1}(\omega_2)\,\nu_2(\mathrm{d}\omega_2) = f(\omega_1)$$

und

$$\int_{\Omega_1} h_{\omega_2}(\omega_1)\,\nu_1(\mathrm{d}\omega_1) = g(\omega_2)$$

sind (sofern sie einen Sinn haben) meßbare Funktionen in ω_1 bzw. ω_2. Ist die Funktion $f(\omega_1)$ quasi-integrierbar bezüglich ν_1 (d. h. $\int_{\Omega_1} f(\omega_1)\,\nu_1(\mathrm{d}\omega_1)$ hat einen Sinn), so führen wir die Bezeichnung

$$\int_{\Omega_1} f(\omega_1)\,\nu_1(\mathrm{d}\omega_1) = \int_{\Omega_1}\left(\int_{\Omega_2} h(\omega_1, \omega_2)\,\nu_2(\mathrm{d}\omega_2)\right)\nu_1(\mathrm{d}\omega_1)$$

ein und nennen diesen Ausdruck iteriertes Integral von $h(\omega_1, \omega_2)$.

Analog wird das iterierte Integral

$$\int_{\Omega_2}\left(\int_{\Omega_1} h(\omega_1, \omega_2)\,\nu_1(\mathrm{d}\omega_1)\right)\nu_2(\mathrm{d}\omega_2)$$

eingeführt.

Satz 4 (Fubini). *Sei h eine integrierbare Funktion bezüglich $\nu_1 \times \nu_2$. Dann sind fast alle Schnitte integrierbar bez. ν_2 bzw. ν_1. Die Funktionen*

$$f(\omega_1) = \int_{\Omega_2} h(\omega_1, \omega_2)\,\nu_2(\mathrm{d}\omega_2),$$

$$g(\omega_2) = \int_{\Omega_1} h(\omega_1, \omega_2)\,\nu_1(\mathrm{d}\omega_1)$$

sind bezüglich ν_1 bzw. ν_2 integrierbar, und es gilt

$$\int_{\Omega_1 \times \Omega_2} h\,\mathrm{d}(\nu_1 \times \nu_2) = \int_{\Omega_1} f\,\mathrm{d}\nu_1 = \int_{\Omega_2} g\,\mathrm{d}\nu_2 .$$

Ist $h \geqq 0$ eine meßbare Funktion auf $\Omega_1 \times \Omega_2$, dann gilt

$$\int_{\Omega_1 \times \Omega_2} h \mathrm{d}(\nu_1 \times \nu_2) = \int_{\Omega_1} \left(\int_{\Omega_2} h \, \mathrm{d}\nu_2 \right) \mathrm{d}\nu_1 = \int_{\Omega_2} \left(\int_{\Omega_1} h \, \mathrm{d}\nu_1 \right) \mathrm{d}\nu_2 ,$$

wobei alle auftretenden Integrale gleichzeitig endlich oder unendlich sind.

Beweis. Für Indikatorfunktionen folgt die Behauptung aus dem Satz 3. Also gilt sie für primitive Funktionen. Sei $h \geqq 0$. Dann existiert eine Folge nichtnegativer primitiver Funktionen $\{h_n\}$, $h_n \uparrow h$. Nach Satz 4.2. gilt dann

$$\lim_{n \to \infty} \int_{\Omega_1 \times \Omega_2} h_n \, \mathrm{d}(\nu_1 \times \nu_2) = \int_{\Omega_1 \times \Omega_2} h \mathrm{d}(\nu_1 \times \nu_2) .$$

Die Funktionen

$$f_n(\omega_1) = \int_{\Omega_2} h_n(\omega_1, \omega_2) \, \nu_2(\mathrm{d}\omega_2)$$

bilden eine nichtfallende Folge nichtnegativer Funktionen, die gegen $f(\omega_1) = \int_{\Omega_2} h(\omega_1, \omega_2) \, \nu_2(\mathrm{d}\omega_2)$ konvergiert. Nochmalige Anwendung des Satzes 4.2. führt zur Gleichung

$$\lim_{n \to \infty} \int_{\Omega_1} f_n \, \mathrm{d}\nu_1 = \int_{\Omega_2} f \, \mathrm{d}\nu_1 .$$

Damit haben wir gezeigt, daß das Integral $\int h \mathrm{d}(\nu_1 \times \nu_2)$ mit einem der iterierten Integrale übereinstimmt, seine Übereinstimmung mit dem zweiten iterierten Integral wird genauso bewiesen. Damit ist der Satz für nichtnegative Funktionen h bewiesen. Die noch zu beweisende Behauptung folgt aus der Tatsache, daß h genau dann integrierbar ist, wenn $h^+ = \max(h, 0)$ und $h^- = \max(-h, 0)$ integrierbar sind. ∎

Als einen Spezialfall des Satzes von Fubini erhält man den

Satz 5. *Es seien X_1, X_2 unabhängige zufällige Elemente der meßbaren Räume $[\mathcal{X}_1, \mathfrak{G}_1]$, $[\mathcal{X}_2, \mathfrak{G}_2]$ über dem Wahr-*

scheinlichkeitsraum $[\Omega, \mathfrak{F}, \mathsf{P}]$. *Ist die reelle Funktion* $h(x, y)$ $\mathsf{P}_{X_1X_2}$*-integrierbar, so gilt*

$$\int_{\mathcal{X}_1\times\mathcal{X}_2} h(x,y)\,\mathsf{P}_{X_1X_2}(\mathrm{d}x,\mathrm{d}y) = \int_{\mathcal{X}_1}\Big(\int_{\mathcal{X}_2} h(x,y)\,\mathsf{P}_{X_2}(\mathrm{d}y)\Big)\,\mathsf{P}_{X_1}(\mathrm{d}x)$$
$$= \int_{\mathcal{X}_2}\Big(\int_{\mathcal{X}_1} h(x,y)\,\mathsf{P}_{X_1}(\mathrm{d}x)\Big)\,\mathsf{P}_{X_2}(\mathrm{d}y).$$

Ist $h(x, y)$ *nichtnegativ, so gilt die letzte Beziehung ohne Integrierbarkeitsvoraussetzungen.*

Beispiel 1. Wir beweisen Satz 6.1. Es ist

$$\int_0^\infty x\mathsf{P}_X(\mathrm{d}x) = \int_0^\infty\Big(\int_0^x 1\mathrm{d}y\Big)\,\mathsf{P}_X(\mathrm{d}x) = \int_0^\infty\Big(\int_y^\infty \mathsf{P}_X(\mathrm{d}x)\Big)\,\mathrm{d}y$$
$$= \int_0^\infty \big(1 - F(y)\big)\,\mathrm{d}y,$$

$$\int_{-\infty}^0 x\mathsf{P}_X(\mathrm{d}x) = \int_{-\infty}^0\Big(-\int_x^0 \mathrm{d}y\Big)\,\mathsf{P}_X(\mathrm{d}x) = -\int_{-\infty}^0\Big(\int_{-\infty}^y \mathsf{P}_X(\mathrm{d}x)\Big)\,\mathrm{d}y$$
$$= -\int_{-\infty}^0 F(y)\,\mathrm{d}y.$$

In den bewiesenen Gleichungen sind beide Seiten gleichzeitig endlich oder unendlich. ∎

Aus dem Satz 5 erhält man sofort den

Satz 6. *Die ZG* X_1, X_2 *seien unabhängig. Aus der Existenz von* $\mathsf{E}X_1$ *und* $\mathsf{E}X_2$ *folgt die Existenz von* $\mathsf{E}X_1X_2$ *und die Gültigkeit von*

$$\mathsf{E}X_1X_2 = \mathsf{E}X_1\cdot\mathsf{E}X_2.$$

Ist keine der ZG X_1, X_2 *gleich* 0 *mit Wahrscheinlichkeit* 1, *so folgt aus der Endlichkeit von* $\mathsf{E}X_1X_2$ *auch die Endlichkeit von* $\mathsf{E}X_1$ *und* $\mathsf{E}X_2$.

Beweis. Für nichtnegative X_i folgt die Behauptung aus Satz 5.

Im allgemeinen Fall führen wir $X_1^{\pm}$ und $X_2^{\pm}$ ein. Diese Größen $X_1^{\pm}$ und $X_2^{\pm}$ sind unabhängig und nichtnegativ. Es gilt

$$\begin{aligned}
\mathsf{E}X_1X_2 &= \mathsf{E}(X_1^+ - X_1^-)(X_2^+ - X_2^-) \\
&= \mathsf{E}X_1^+X_2^+ - \mathsf{E}X_1^-X_2^+ + \mathsf{E}X_1^-X_2^- - \mathsf{E}X_1^+X_2^- \\
&= \mathsf{E}X_1^+\mathsf{E}X_2^+ - \mathsf{E}X_1^-\mathsf{E}X_2^+ + \mathsf{E}X_1^-\mathsf{E}X_2^- \\
&\quad - \mathsf{E}X_1^+\mathsf{E}X_2^- \\
&= \mathsf{E}X_1\mathsf{E}X_2 .
\end{aligned}$$

Die zweite Behauptung ergibt sich wie folgt. Die ZG $|X_1|$, $|X_2|$ sind unabhängig und nichtnegativ, also gilt

$$\mathsf{E}|X_1X_2| = \mathsf{E}|X_1|\,\mathsf{E}|X_2| .$$

Die Endlichkeit der $\mathsf{E}|X_i|$ $(i = 1, 2)$ (und damit die von $\mathsf{E}X_i$) ergibt sich aus $\mathsf{E}|X_1X_2| < \infty$ und $\mathsf{E}|X_i| > 0$ $(i = 1, 2)$. ∎

Aufgaben

1. $f: X \to \mathbb{R}^1$, $g: Y \to \mathbb{R}^1$ seien meßbare Funktionen. Wir definieren $h(x, y) = f(x) + g(y)$. Man zeige mit Hilfe des Satzes von Fubini, daß aus $h \in L(\mu_1 \times \mu_2)$ folgt $f \in L(\mu_1)$.
2. Man zeige, daß fast alle Schnitte einer integrierbaren ZG $X = X(\omega_1, \omega_2)$ integrierbar sind.

3. Bedingte Erwartungswerte und bedingte Wahrscheinlichkeiten

3.1. *Einleitung. Elementare Definition*

Wir betrachten ein Experiment $\mathcal{E}$ mit zufälligem Ausgang, dessen mathematisches Modell durch einen Wahrscheinlichkeitsraum $[\Omega, \mathfrak{F}, \mathsf{P}]$ gegeben ist.

Es sei nun bekannt, daß bei der Durchführung von $\mathcal{E}$ ein Ereignis $B \in \mathfrak{F}$ eingetreten ist. Wie verändert sich die Wahrscheinlichkeit eines beliebigen Ereignisses $A \in \mathfrak{F}$ unter dieser Zusatzinformation? Die Antwort wird durch den Begriff *bedingte Wahrscheinlichkeit* gegeben.

Ist $\mathsf{P}(B) > 0$, so wird die *bedingte Wahrscheinlichkeit* $\mathsf{P}(A \mid B)$ *von A unter der Bedingung B* (unter der Voraussetzung, daß B eingetreten ist) durch die Formel

$$\mathsf{P}(A \mid B) = \frac{\mathsf{P}(A \cap B)}{\mathsf{P}(B)} \tag{1}$$

definiert. Diese Definition steht im Einklang mit der Häufigkeitsinterpretation der Wahrscheinlichkeit.

Aus der Definition 1.3.1. der Unabhängigkeit von Ereignissen und (1) folgt für $\mathsf{P}(B) > 0$: Die Ereignisse A und B sind genau dann unabhängig, wenn $\mathsf{P}(A \mid B) = \mathsf{P}(A)$.

Für ein festes B mit $\mathsf{P}(B) > 0$ wird durch (1) ein neues Wahrscheinlichkeitsmaß auf $\mathfrak{F}$ definiert, das wir mit $\mathsf{P}_B(\cdot)$ bezeichnen; es ist also für $A \in \mathfrak{F}$ definitionsgemäß

$$\mathsf{P}_B(A) = \mathsf{P}(A \mid B).$$

Bemerkung 1. Da $\mathsf{P}_B(A) = 0$ für alle A mit $A \cap B = \emptyset$ und $\mathsf{P}_B(B) = 1$ gelten, ist $\mathsf{P}_B(\cdot)$ ein Wahrscheinlichkeitsmaß auf der σ-Unteralgebra $\mathfrak{F} \cap B$.

Verfügt man über die Information, daß beim Experiment $\mathcal{E}$ mit zufälligem Ausgang, dessen ursprüngliches mathematisches Modell durch $[\Omega, \mathfrak{F}, \mathsf{P}]$ gegeben war, das Ereignis B eingetreten ist, so geht man zu einem neuen Modell $[\Omega, \mathfrak{F}, \mathsf{P}_B]$ (genauer zu $[B, \mathfrak{F} \cap B, \mathsf{P}_B]$) über.

Seien X eine ZG auf $[\Omega, \mathfrak{F}, \mathsf{P}]$ und $B \in \mathfrak{F}$, $\mathsf{P}(B) > 0$. Das *bedingte Verteilungsgesetz* $\mathsf{P}_{X|B}$ von X unter der Bedingung B wird entsprechend zu (1) durch

$$\mathsf{P}_{X|B}(A) = \mathsf{P}_B(X^{-1}(A)) = \frac{\mathsf{P}(X^{-1}(A) \cap B)}{\mathsf{P}(B)}, \quad A \in \mathfrak{B}^1, \tag{2}$$

definiert. Für $A = (-\infty, x)$ erhält man die *bedingte Verteilungsfunktion* $F(x \mid B)$ von X unter der Bedingung B

$$F(x \mid B) = \mathsf{P}(\{\omega : X(\omega) < x\} \mid B).$$

Den *bedingten Erwartungswert* $\mathsf{E}(X \mid B)$ von X unter der Bedingung B definiert man als den Erwartungswert von X bezüglich des bedingten Wahrscheinlichkeitsmaßes P_B, d. h., es ist

$$\mathsf{E}(X \mid B) = \int_\Omega X(\omega)\, \mathsf{P}_B(\mathrm{d}\omega) = \int_\Omega X(\omega)\, \mathsf{P}(\mathrm{d}\omega \mid B)$$

$$= \frac{1}{\mathsf{P}(B)} \int_B X(\omega)\, \mathsf{P}(\mathrm{d}\omega). \tag{3}$$

Offenbar existiert $\mathsf{E}(X \mid B)$, falls $\mathsf{E}X$ existiert. Man kann mit Hilfe der Transformationsformel für Erwartungswerte (vgl. Satz 2.4.5.) $\mathsf{E}(X \mid B)$ auch in der Form

$$\mathsf{E}(X \mid B) = \int_{-\infty}^{+\infty} x \mathsf{P}_{X|B}(\mathrm{d}x) = \int_{-\infty}^{\infty} x\, \mathrm{d}F(x \mid B) = \frac{1}{\mathsf{P}(B)} \int_A x \mathsf{P}_X(\mathrm{d}x) \tag{3'}$$

schreiben, wobei $A \in \mathfrak{B}^1$ ist und $X^{-1}(A) = B$ gilt.

Man beweise: Ist die von X erzeugte σ-Unteralgebra $\mathfrak{F}_X$ von B unabhängig, so gilt $\mathsf{P}_B(A) = \mathsf{P}(A)$ für alle $A \in \mathfrak{F}_X$. Dann ist $F(x \mid B) = F(x)$ und $\mathsf{E}(X \mid B) = \mathsf{E}X$.

Die Bedeutung des Begriffs der bedingten Wahrscheinlichkeit besteht insbesondere darin, daß bei der mathematischen Beschreibung zufälliger Erscheinungen die bedingten Wahrscheinlichkeiten oftmals durch die Annahmen über das Modell gegeben sind oder sich leicht bestimmen lassen. Die „unbedingten" Wahrscheinlichkeiten und Erwartungswerte lassen sich dann mit Hilfe der folgenden *Formel der totalen Wahrscheinlichkeit* und ihres Analogons für Erwartungswerte berechnen.

Seien I eine endliche oder abzählbare Indexmenge und $\{H_i\}$, $i \in I$, eine Folge von Ereignissen mit der Eigenschaft

$$\bigcup_{i \in I} H_i = \Omega,\ H_i \cap H_j = \emptyset \text{ für } i \neq j,\ \mathsf{P}(H_i) > 0,\ i \in I.$$

Dann gilt für jedes $A \in \mathfrak{F}$ die Formel

$$\mathsf{P}(A) = \sum_{i \in I} \mathsf{P}(H_i)\, \mathsf{P}(A \mid H_i) \tag{4}$$

(*Formel der totalen Wahrscheinlichkeit*).

Für jede ZG X, deren Erwartungswert existiert, gilt

$$\mathsf{E}X = \sum_{i \in I} \mathsf{P}(H_i)\, \mathsf{E}(X \mid H_i). \tag{5}$$

Gewisse Sachverhalte lassen sich ohne den Begriff der bedingten Wahrscheinlichkeit gar nicht in der Sprache der Wahrscheinlichkeitstheorie beschreiben; dazu ein Beispiel:

Beispiel 1. In der Zuverlässigkeitstheorie ist der Begriff der *Lebensdauer* eines technischen Systems von grundlegender Bedeutung. Mathematisch handelt es sich dabei um eine nichtnegative ZG X, deren Verteilungsfunktion wir mit F bezeichnen; es ist also $F(x) = 0$ für $x \leqq 0$. Oft interessiert man sich für die *restliche Lebensdauer* X_a des betrachteten Systems unter der Bedingung, daß das System das Alter a erreicht hat. Die Verteilungsfunktion von X_a definiert man als bedingte Verteilungsfunktion

$$\mathsf{P}(X_a < x) = \mathsf{P}(X < a + x \mid X \geqq a) = \frac{F(a + x) - F(a)}{1 - F(a)},$$

wobei dieser Ansatz nur für $a \geqq 0$ mit der Eigenschaft $F(a) < 1$ sinnvoll ist. Für die sogenannte mittlere restliche Lebensdauer des Systems, das das Alter a hat, gilt dann gemäß (3′)

$$\mathsf{E}X_a = \frac{1}{1 - F(a)} \int_0^\infty x \, \mathrm{d}F(a + x).$$

Die Definitionen (1) und (3) sind für $\mathsf{P}(B) = 0$ sinnlos. Beispiel 2 zeigt, daß man den Begriff der bedingten Wahrscheinlichkeit (des bedingten Erwartungswertes) auch für Bedingungen, deren Wahrscheinlichkeit Null ist, benötigt und intuitiv leicht bestimmen kann.

Beispiel 2. Wir betrachten unabhängige ZG X, Y mit den Verteilungsfunktionen F_X bzw. F_Y. Es liegt nahe, die bedingte Verteilungsfunktion von $X + Y$ unter der Bedingung $Y = y$ gleich der Verteilungsfunktion von $X + y$ zu setzen, d. h., man setzt $\mathsf{P}(X + Y < x \mid Y = y) = F_X(x - y)$. Die Bedingung $Y = y$ hat jedoch für alle y, in denen F_Y stetig ist, die Wahrscheinlichkeit Null.

Interpretiert man $F_X(x - y)$ als $\mathsf{P}(X + Y < x \mid Y = y)$, so erscheint die bekannte Faltungsformel

$$\mathsf{P}(X + Y < x) = \int_{-\infty}^{\infty} F_X(x - y)\,\mathrm{d}F_Y(y)$$

als eine spezielle Verallgemeinerung der Formel der totalen Wahrscheinlichkeit (4).

Wir wollen die Definitionen (1) und (3) der bedingten Wahrscheinlichkeit und des bedingten Erwartungswertes sinnvoll erweitern.

Einen möglichen Zugang zur Definition von bedingten Wahrscheinlichkeiten für Bedingungen, deren Wahrscheinlichkeit gleich Null ist, enthält Beispiel 3.

Beispiel 3. Sei (X_1, X_2) ein ZV, dessen Verteilungsgesetz P_{X_1,X_2} bezüglich des Lebesgueschen Maßes λ^2 absolut stetig ist. Die Dichte $f(x, y)$ sei stetig, und die Dichte

$$f_1(x) = \int_{-\infty}^{\infty} f(x, y)\,\mathrm{d}y$$

von P_{X_1} sei überall echt positiv. Für ein $A \in \mathfrak{B}^1$ betrachten wir die bedingte Wahrscheinlichkeit

$$\mathsf{P}(X_2 \in A \mid x \leqq X_1 < x + h) = \int_x^{x+h} \int_A f(u, y)\,\mathrm{d}y\,\mathrm{d}u \Bigg/ \int_x^{x+h} f_1(u)\,\mathrm{d}u$$

Teilen wir Zähler und Nenner durch h und lassen h gegen Null streben, so konvergiert die rechte Seite gegen

$$\int_A \frac{f(x, y)\,\mathrm{d}y}{f_1(x)}.$$

Es liegt daher nahe, diesen Grenzwert als die bedingte Wahrscheinlichkeit von $\{X_2 \in A\}$ unter der Bedingung $X_1 = x$ zu bezeichnen:

$$\mathsf{P}(X_2 \in A \mid X_1 = x) = \frac{1}{f_1(x)} \int_A f(x, y)\,\mathrm{d}y.$$

Für jedes x wird durch diesen Ansatz eine Wahrscheinlichkeitsverteilung auf $\mathfrak{B}^1$ definiert, die absolut stetig ist und die Dichte

$$f_{X_2}(y \mid x) = \frac{f(x, y)}{f_1(x)}$$

besitzt (die bedingte Dichte von X_2 unter der Bedingung $X_1 = x$).

3.2. *Definition des bedingten Erwartungswertes und der bedingten Wahrscheinlichkeit bei diskreter Bedingung*

Sei X eine diskrete ZG auf $[\Omega, \mathfrak{F}, \mathsf{P}]$. Es existiert also eine Folge $\{x_i\}$, $i \in I$, I höchstens abzählbar, so daß $\mathsf{P}_X(\{x_i\}) \geqq 0$, $\sum_{i \in I} \mathsf{P}_X(\{x_i\}) = 1$ gilt.

Wir setzen $H_i = X^{-1}(\{x_i\})$. Die von X erzeugte σ-Unteralgebra $\mathfrak{F}_X$ von $\mathfrak{F}$ besteht aus allen höchstens abzählbaren Vereinigungen von Mengen H_i.

Sei $I' = \{i \in I : \mathsf{P}(H_i) = 0\}$.

Die bedingte Wahrscheinlichkeit eines Ereignisses $A \in \mathfrak{F}$ bezüglich der gegebenen ZG X (bedingte Wahrscheinlichkeit von A unter der Bedingung X) wird als

$$\mathsf{P}(A \mid X)(\omega) = \begin{cases} \dfrac{\mathsf{P}(A \cap H_i)}{\mathsf{P}(H_i)}, \text{ falls } \omega \in H_i \text{ und } \mathsf{P}(H_i) > 0, \\ \text{beliebig, falls } \omega \in H_i \text{ und } \mathsf{P}(H_i) = 0, \end{cases} \tag{1}$$

definiert. Es gilt offenbar

p 1. $\mathsf{P}(A \mid X)$ ist eine diskrete ZG, die sogar $\mathfrak{F}_X$-meßbar ist.

p 2. Für jedes $B \in \mathfrak{F}_X$, d. h. für jedes B der Gestalt $B = \bigcup_k H_{i_k}$ gilt

$$\mathsf{P}(A \cap B) = \sum_{k: H_{i_k} \subseteq B, P(H_{i_k}) > 0} \mathsf{P}(A \mid H_{i_k}) \, \mathsf{P}(H_{i_k})$$
$$= \int_B \mathsf{P}(A \mid X)(\omega) \, \mathsf{P}(\mathrm{d}\omega).$$

Insbesondere gilt für $B = \Omega$ die Formel

$$\mathsf{P}(A) = \int_\Omega \mathsf{P}(A \mid X)(\omega) \, \mathsf{P}(\mathrm{d}\omega),$$

die man als Verallgemeinerung von (1.4) ansehen kann.

p 3. Für jedes ω kann man $\mathsf{P}(A \mid X)(\omega)$ so definieren, daß es in A ein Wahrscheinlichkeitsmaß auf $\mathfrak{F}$ wird. Da die Menge $\bigcup_{\alpha \in I'} H_\alpha$, auf der $\mathsf{P}(A \mid X)(\omega)$ nicht eindeutig bestimmt ist, das P-Maß Null hat und außerdem nicht von A abhängt, kann man dort z. B. $\mathsf{P}(A \mid X)(\omega) = Q(A)$ setzen, wobei Q ein vorgegebenes W-Maß auf $\mathfrak{F}$ ist.

Sei Y eine ZG auf $[\Omega, \mathfrak{F}, \mathsf{P}]$, deren Erwartungswert $\mathsf{E}Y$ existiert. Der bedingte Erwartungswert $\mathsf{E}(Y \mid X)$ von Y bezüglich X wird durch

$$\mathsf{E}(Y \mid X)(\omega) = \begin{cases} \dfrac{1}{\mathsf{P}(H_i)} \displaystyle\int_{H_i} Y(\omega') \, \mathsf{P}(\mathrm{d}\omega'), & \text{falls } \omega \in H_i, \\ & \mathsf{P}(H_i) > 0, \\ \text{beliebig, falls } \omega \in H_i, \ \mathsf{P}(H_i) = 0, & \end{cases} \tag{2}$$

definiert. Es gilt

e 1. $\mathsf{E}(Y \mid X)$ ist eine $\mathfrak{F}_X$-meßbare ZG.

e 2. Für jedes $B \in \mathfrak{F}_X$ ist

$$\int_B Y(\omega) \, \mathsf{P}(\mathrm{d}\omega) = \int_B \mathsf{E}(Y \mid X)(\omega) \, \mathsf{P}(\mathrm{d}\omega).$$

Man zeige e 1. und e 2.

Für $B = \Omega$ folgt daraus (vgl. (1.5)):

$$\mathsf{E}Y = \mathsf{E}\big(\mathsf{E}(Y \mid X)\big). \tag{3}$$

Bemerkung 1. In die Definitionen (1) und (2) geht nicht die zufällige Größe X selbst, sondern nur die σ-Unteralgebra $\mathfrak{F}_X$ ein. Man könnte also von bedingten Wahrscheinlichkeiten bzw. vom bedingten Erwartungswert bezüglich $\mathfrak{F}_X$ sprechen und die Bezeichnungen

$$\mathsf{P}(A \mid X)(\omega) = \mathsf{P}(A \mid \mathfrak{F}_X)(\omega),$$

$$\mathsf{E}(Y \mid X)(\omega) = \mathsf{E}(Y \mid \mathfrak{F}_X)(\omega)$$

benutzen.

Bemerkung 2. Aus der Definition (1) geht andererseits hervor, daß die ZG $\mathsf{P}(A \mid X)(\omega)$ von ω nur über den Wert von $X(\omega)$ abhängt, d. h. in der Form

$$\mathsf{P}(A \mid X)(\omega) = g_A\big(X(\omega)\big)$$

geschrieben werden kann, wobei

$$g_A(x_i) = \begin{cases} \dfrac{\mathsf{P}(A \cap H_i)}{\mathsf{P}(H_i)}, & \text{falls } \mathsf{P}_X(\{x_i\}) = \mathsf{P}(H_i) > 0, \\ \text{beliebig, sonst,} \end{cases}$$

gilt. Ebenso ist $\mathsf{E}(Y \mid X)$ eine Borelsche Funktion $h(X)$ der ZG X, die für $i \notin I'$ die Werte $\dfrac{1}{\mathsf{P}(H_i)} \int\limits_{H_i} Y(\omega)\, \mathsf{P}(d\omega)$ mit den Wahrscheinlichkeiten $\mathsf{P}_X(\{x_i\}) > 0$ annimmt und deren Werte für x_i, $i \in I'$, nicht eindeutig bestimmt sind.

Bemerkung 3. Gemäß P 3. kann man für jedes $\omega \in \Omega$ die Größe $\mathsf{P}(A \mid X)(\omega)$ so definieren, daß sie als Funktion von A ein W-Maß auf $\mathfrak{F}$ ist. Offenbar kann man dann $\mathsf{E}(Y \mid X)(\omega)$ als den Erwartungswert von Y bezüglich des bedingten Verteilungsgesetzes $\mathsf{P}(\cdot \mid X)(\omega)$ schreiben

$$\mathsf{E}(Y \mid X)(\omega) = \int\limits_{\Omega} Y(\omega')\, \mathsf{P}(d\omega' \mid X)(\omega). \tag{4}$$

Für $\omega \in H_n$ mit $\mathsf{P}(H_n) > 0$ ist dann

$$\mathsf{E}(Y \mid X)(\omega) = \int_{H_n} Y(\omega')\, \mathsf{P}(d\omega' \mid X)(\omega).$$

Der bedingte Erwartungswert ergibt sich also durch Mittelung der Werte von Y auf den Mengen $H_n = X^{-1}(\{x_n\})$ mit dem bedingten Maß $\mathsf{P}(\cdot \mid X)(\omega)$. Die Formeln (3) und (4) zeigen, wie man $\mathsf{E}Y$ durch zweifachen Mittelungsvorgang gewinnt.

Beispiel 1. Sei (X, Y) ein diskreter ZV, der die Werte (x_i, y_j), $i \in I$, $j \in J$ (I, J höchstens abzählbar) mit den Wahrscheinlichkeiten $p_{ij} \geqq 0$ annimmt. Es ist $\sum_{i,j} p_{ij} = 1$. Die Randverteilungen berechnen sich wie folgt:

$$p_i = \mathsf{P}(X = x_i) = \sum_{j \in J} p_{ij}, \quad q_j = \mathsf{P}(Y = y_j) = \sum_{i \in I} p_{ij}.$$

Die bedingte Wahrscheinlichkeitsverteilung von Y unter der Bedingung $\{X = x_i\}$ erhält man durch den Ansatz

$$\mathsf{P}(Y = y_j \mid X = x_i) = \begin{cases} \dfrac{p_{ij}}{p_i}, & \text{falls } p_i > 0, \\ \text{beliebig, sonst.} \end{cases}$$

Für jedes x_i mit $p_i > 0$ wird dadurch eine diskrete Wahrscheinlichkeitsverteilung definiert; für x_i mit $p_i = 0$ kann man $\mathsf{P}(Y = y_i \mid X = x_i)$ so festlegen, daß es eine Wahrscheinlichkeitsverteilung wird. Analog wird die bedingte Verteilung von X bezüglich Y definiert.

3.3. Allgemeine Definition des bedingten Erwartungswertes

Es seien X eine meßbare Abbildung des Raumes $[\Omega, \mathfrak{F}]$ in einen meßbaren Raum $[\mathcal{X}, \mathfrak{G}]$, d. h. ein zufälliges Element des meßbaren Raumes $[\mathcal{X}, \mathfrak{G}]$, und Y eine reelle

ZG auf $[\Omega, \mathfrak{F}, \mathsf{P}]$. Wir definieren jetzt den allgemeinen Begriff des bedingten Erwartungswertes $\mathsf{E}(Y \mid X)$ einer ZG Y bezüglich X. Dabei gehen wir axiomatisch vor und fordern die Gültigkeit der Eigenschaften e 1. und e 2. von $\mathsf{E}(Y \mid X)$ wie im Falle der diskreten Bedingung X (vgl. 3.2). Die bedingte Wahrscheinlichkeit $\mathsf{P}(A \mid X)$ gewinnen wir als Spezialfall von $\mathsf{E}(Y \mid X)$, durch

$$\mathsf{P}(A \mid X)(\omega) = \mathsf{E}(I_A \mid X)(\omega).$$

Motiviert durch die Bemerkung 2.1. definieren wir zuerst den Begriff des bedingten Erwartungswertes $\mathsf{E}(Y \mid \mathfrak{C})$ von Y bezüglich einer σ-Unteralgebra $\mathfrak{C}$ von $\mathfrak{F}$ und erhalten $\mathsf{E}(Y \mid X)$ durch Spezialisierung:

$$\mathsf{E}(Y \mid X) = \mathsf{E}(Y \mid \mathfrak{F}_X).$$

Definition 1. Es seien $[\Omega, \mathfrak{F}, \mathsf{P}]$ ein Wahrscheinlichkeitsraum, $\mathfrak{C}$ eine σ-Unteralgebra von $\mathfrak{F}$, Y eine nichtnegative ZG über $[\Omega, \mathfrak{F}, \mathsf{P}]$.

Unter dem *bedingten Erwartungswert* $\mathsf{E}(Y \mid \mathfrak{C})$ von Y bezüglich $\mathfrak{C}$ versteht man eine $\mathfrak{C}$-meßbare reelle Funktion mit der Eigenschaft: Für jedes $B \in \mathfrak{C}$ gilt:

$$\int_B \mathsf{E}(Y \mid \mathfrak{C})(\omega)\, \mathsf{P}(d\omega) = \int_B Y(\omega)\, \mathsf{P}(d\omega). \tag{1}$$

Die Existenz von $\mathsf{E}(Y \mid \mathfrak{C})$ wird durch den folgenden Satz gesichert.

Satz 1. $\mathsf{E}(Y \mid \mathfrak{C})$ *existiert stets und ist* $[\mathfrak{C}, \mathsf{P}]$*-eindeutig.*

Beweis. Wir betrachten den Wahrscheinlichkeitsraum*) $[\Omega, \mathfrak{C}, \mathsf{P}]$. Die Mengenfunktion

$$\mu(B) = \int_B Y(\omega)\, \mathsf{P}(d\omega)$$

definiert dann ein σ-endliches Maß auf $\mathfrak{C}$, und es ist $\mu \ll \mathsf{P}$. Nach dem Satz von RADON-NIKODYM (Satz 2.5.3.) existiert dann eine nichtnegative $\mathfrak{C}$-meßbare Funktion f

*) P bedeutet in $[\Omega, \mathfrak{C}, \mathsf{P}]$ die Einschränkung $\mathsf{P}_{\mathfrak{C}}$ des W-Maßes P auf $\mathfrak{C}$ (vgl. S. 13).

mit der Eigenschaft

$$\mu(B) = \int_B Y(\omega)\, \mathsf{P}(\mathrm{d}\omega) = \int_B f(\omega)\, \mathsf{P}(\mathrm{d}\omega). \qquad (2)$$

Für jede andere $\mathfrak{C}$-meßbare Funktion g mit der Eigenschaft

$$\mu(B) = \int_B g(\omega)\, \mathsf{P}(\mathrm{d}\omega)$$

gilt $f = g\,[\mathfrak{C}, \mathsf{P}]$, d. h., es ist $\mathsf{P}\{\omega : f(\omega) \neq g(\omega)\} = 0$. Die Funktion f bezeichnen wir mit $\mathsf{E}(Y \mid \mathfrak{C})$. ∎

Bemerkung 1. Aus dem Satz 1 folgt, daß der bedingte Erwartungswert von Y bezüglich $\mathfrak{C}$ nur bis auf Äquivalenz eindeutig bestimmt ist. Man wählt also einen Vertreter aus der Äquivalenzklasse aller $\mathfrak{C}$-meßbaren und der Beziehung (2) genügenden Funktionen aus und spricht von einer *Festlegung des bedingten Erwartungswertes* $\mathsf{E}(Y \mid \mathfrak{C})$.

Der bedingte Erwartungswert $\mathsf{E}(Y \mid \mathfrak{C})$ ist eine ZG. Setzt man in (1) $B = \Omega$ ein, so erhält man die allgemeine Fassung der Formel (1.5)

$$\mathsf{E}Y = \mathsf{E}\big(\mathsf{E}(Y \mid \mathfrak{C})\big) = \int_\Omega \mathsf{E}(Y \mid \mathfrak{C})\,(\omega)\, \mathsf{P}(\mathrm{d}\omega). \qquad (3)$$

Die Formel (3) ist oft eine wesentliche Hilfe bei der Berechnung von $\mathsf{E}Y$. Offenbar ist $\mathsf{E}(Y \mid \mathfrak{C})$ dann integrierbar, wenn $\mathsf{E}Y < \infty$ ist.

Nimmt Y verschiedene Vorzeichen an, so definieren wir:

Definition 2. Sei Y eine integrierbare oder quasi-integrierbare ZG. Der *bedingte Erwartungswert* $\mathsf{E}(Y \mid \mathfrak{C})$ von Y bezüglich $\mathfrak{C}$ wird durch

$$\mathsf{E}(Y \mid \mathfrak{C}) = \mathsf{E}(Y^+ \mid \mathfrak{C}) - \mathsf{E}(Y^- \mid \mathfrak{C})$$

definiert.

Offenbar ist $\mathsf{E}(Y \mid \mathfrak{C})$ wieder $\mathfrak{C}$-meßbar und genügt der Formel (1) (und (3) als Spezialfall von (1)). $\mathsf{E}(Y \mid \mathfrak{C})$ ist genau dann eine integrierbare ZG, wenn Y integrierbar ist.

Die bedingten Wahrscheinlichkeiten $\mathsf{P}(A \mid \mathfrak{C})$ definieren wir als Spezialfall bedingter Erwartungswerte, indem wir $Y = I_A$ setzen.

Definition 3. Für jedes $A \in \mathfrak{F}$ wird die *bedingte Wahrscheinlichkeit* $\mathsf{P}(A \mid \mathfrak{C})$ *von* A *bezüglich* $\mathfrak{C}$ als eine $\mathfrak{C}$-meßbare reelle Funktion definiert, die für jedes $B \in \mathfrak{C}$ der Gleichung

$$\mathsf{P}(A \cap B) = \int_B \mathsf{P}(A \mid \mathfrak{C})(\omega)\,\mathsf{P}(\mathrm{d}\omega) \tag{4}$$

genügt.

Die bedingte Wahrscheinlichkeit $\mathsf{P}(A \mid \mathfrak{C})$ ist wieder nur bis auf $[\mathfrak{C}, \mathsf{P}]$-Äquivalenz eindeutig bestimmt, und man spricht von einer Festlegung von $\mathsf{P}(A \mid \mathfrak{C})$. Für $B = \Omega$ folgt aus (4) die *allgemeine Formel der totalen Wahrscheinlichkeit*

$$\mathsf{P}(A) = \int_\Omega \mathsf{P}(A \mid \mathfrak{C})(\omega)\,\mathsf{P}(\mathrm{d}\omega). \tag{5}$$

Definition 4. Als *bedingten Erwartungswert* $\mathsf{E}(Y \mid X)$ einer ZG Y bezüglich des zufälligen Elements X bezeichnet man die ZG $\mathsf{E}(Y \mid \mathfrak{F}_X)$.

Es ist also $\mathsf{E}(Y \mid \mathfrak{F}_X)$ $\mathfrak{F}_X$-meßbar, $[\mathfrak{F}_X, \mathsf{P}]$-eindeutig bestimmt und genügt für jedes $B \in \mathfrak{G}$ der Gleichung

$$\int_{X^{-1}(B)} Y(\omega)\,\mathsf{P}(\mathrm{d}\omega) = \int_{X^{-1}(B)} \mathsf{E}(Y \mid \mathfrak{F}_X)(\omega)\,\mathsf{P}(\mathrm{d}\omega).$$

Analog definiert man die bedingte Wahrscheinlichkeit $\mathsf{P}(A \mid X)$ bezüglich X:

$$\mathsf{P}(A \mid X) = \mathsf{P}(A \mid \mathfrak{F}_X).$$

Wir zeigen, daß die ZG $\mathsf{E}(Y \mid X)$, $\mathsf{P}(A \mid X)$ in Wirklichkeit reelle Funktionen von X sind. Dazu benötigen wir das folgende

Lemma 1. *Es seien* X *ein zufälliges Element von* $[\mathfrak{X}, \mathfrak{G}]$ *auf* $[\Omega, \mathfrak{F}, \mathsf{P}]$ *und* Z *eine reelle* ZG *auf* $[\Omega, \mathfrak{F}, \mathsf{P}]$. Z *ist*

genau dann $\mathfrak{F}_X$-meßbar, wenn eine $\mathfrak{G}$-meßbare reelle Funktion $g(x)$ existiert, so daß

$$Z(\omega) = g(X(\omega)),$$

d. h. $Z = g \circ X$ gilt.

Beweis. Besitzt Z die Gestalt $Z = g \circ X$, so ist Z offenbar $\mathfrak{F}_X$-meßbar.

Sei umgekehrt $Z \geqq 0$ und $\mathfrak{F}_X$-meßbar. Ist Z eine Treppenfunktion, d. h.

$$Z = \sum_{i=1}^{m} \alpha_i I_{A_i}, \quad A_i \in \mathfrak{F}, \quad \alpha_i > 0, \quad i = 1, \ldots, m,$$

so gilt $Z = g \circ X$ mit

$$g = \sum_{i=1}^{m} \alpha_i I_{A_i'}, \quad A_i = X^{-1}(A_i').$$

Für $Z \geqq 0$ existiert eine nichtfallende Folge Z_n, so daß $Z = \lim_{n\to\infty} Z_n$ gilt, wobei die Z_n die Gestalt $\sum_{i=1}^{n} \alpha_i I_{A_i}$ haben. Folglich existieren Funktionen g_n mit der Eigenschaft $Z_n = g_n \circ X$; die Folge (g_n) ist nichtfallend, die Funktion $g = \lim_{n\to\infty} g_n$ leistet das Verlangte.

Für beliebiges Z gehen wir von der Darstellung $Z = Z^+ - Z^-$ aus. Wir haben bereits gezeigt, daß Z^+ und Z^- die Gestalt $g_0^+ \circ X$ bzw. $g_0^- \circ X$ besitzen. Auf der meßbaren Menge

$$\{x : g_0^+(x) = +\infty, g_0^-(x) = +\infty\} = U$$

ist die Funktion $g_0^+ - g_0^-$ nicht definiert.
Wir setzen

$$g(x) = g_0^+ - g_0^- \text{ für } x \in \overline{U} \text{ und } g(x) = 0 \text{ für } x \in U$$

und erhalten auf diese Weise eine $\mathfrak{G}$-meßbare reelle Funktion, für die für jedes $\omega \in \Omega$

$$Z(\omega) = g(X(\omega))$$

gilt, weil $g^{-1}(Z(\Omega))$ und U disjunkt sind. ∎

Unmittelbar aus der Definition 3 und dem Lemma 1 ergibt sich der folgende

Satz 2. *Der bedingte Erwartungswert* $\mathsf{E}(Y \mid X)$ *von* Y *bezüglich des vorgegebenen zufälligen Elements* X *von* $[\mathscr{X}, \mathfrak{G}]$ *ist eine* $\mathfrak{G}$*-meßbare reelle Funktion von* X, *d. h., es gilt*

$$\mathsf{E}(Y \mid X) = g(X),$$

wobei g *eine* $\mathfrak{G}$*-meßbare reelle Funktion ist.*

Bemerkung 2. Das Auftreten von Y in dem Symbol $\mathsf{E}(Y \mid X)$ darf nicht die Tatsache verwischen, daß die ZG $\mathsf{E}(Y \mid X)$ eine Funktion nur von X ist. Die ZG Y bestimmt lediglich die Gestalt dieser Funktion.

Aus Satz 2 folgt, daß man $\mathsf{E}(Y \mid X)$ auch als eine $\mathfrak{G}$-meßbare Funktion auf $\mathscr{X}$ definieren könne, die bis auf $[\mathfrak{G}, \mathsf{P}_X]$-Äquivalenz eindeutig durch die Forderung

$$\int_B g(x)\, \mathsf{P}_X(\mathrm{d}x) = \int_{X^{-1}(B)} Y(\omega)\, \mathsf{P}(\mathrm{d}\omega)$$

für alle $B \in \mathfrak{G}$ bestimmt ist.

Analog ergibt sich für die bedingte Wahrscheinlichkeit $\mathsf{P}(A \mid X)$: $\mathsf{P}(A \mid X)$ ist eine ZG auf $[\mathscr{X}, \mathfrak{G}, \mathsf{P}_X]$, mit der Eigenschaft: Für alle $B \in \mathfrak{G}$ gilt

$$\int_B \mathsf{P}(A \mid X)\,(x)\, \mathsf{P}_X(\mathrm{d}x) = \mathsf{P}\big(X^{-1}(B) \cap A\big).$$

Insbesondere gelten die Formeln

$$\mathsf{E}Y = \int_{\mathscr{X}} \mathsf{E}(Y \mid X)\,(x)\, \mathsf{P}_X(\mathrm{d}x) \tag{3'}$$

$$\mathsf{P}(A) = \int_{\mathscr{X}} \mathsf{P}(A \mid X)\,(x)\, \mathsf{P}_X(\mathrm{d}x). \tag{5'}$$

Bemerkung 3. Der bedingte Erwartungswert $\mathsf{E}(Y \mid \mathfrak{C})$ bzw. $\mathsf{E}(Y \mid X)$ ist also eine Vergröberung der gegebenen ZG Y. Wir verstehen darunter den Übergang von der $\mathfrak{F}$-meßbaren ZG Y mit dem Erwartungswert $\mathsf{E}Y$ zu einer $\mathfrak{C}$- bzw. $\mathfrak{F}_X$-meßbaren Funktion $\mathsf{E}(Y \mid \mathfrak{C})$ bzw. $\mathsf{E}(Y \mid X)$

mit dem gleichen Erwartungswert. Die stärkste Vergröberung erhalten wir für den Fall $\mathfrak{C} = \{\emptyset, \Omega\}$. In diesem Fall gilt

$$\mathsf{E}(Y \mid \mathfrak{C}) = \mathsf{E}Y.$$

Die geringste Vergröberung erfolgt bei $\mathfrak{C} = \mathfrak{F}$. Hier ist Y selbst eine mögliche Festlegung von $\mathsf{E}(Y \mid \mathfrak{F})$.

Zur Veranschaulichung geben wir das folgende Beispiel an.

Beispiel 4. Sei $\Omega = [0, 1)$, $\mathfrak{F} = \mathfrak{B}^1 \cap [0, 1)$, $\mathsf{P} = \lambda^1$ und $A_i = \left[\frac{i-1}{n}, \frac{i}{n}\right)$, $i = 1, \ldots, n$, eine Zerlegung von Ω. Ferner sei für alle $\omega \in \Omega$ die ZG X durch $X(\omega) = \omega$ definiert. Für $\mathfrak{C} = \sigma(A_1, \ldots, A_n)$ ist dann $\mathsf{E}(X \mid \mathfrak{C})$ die Sprungfunktion, die auf dem Intervall $\left[\frac{i-1}{n}, \frac{i}{n}\right)$ den Wert $\frac{i}{n} - \frac{1}{2n}$ annimmt (vgl. Abb. 1).

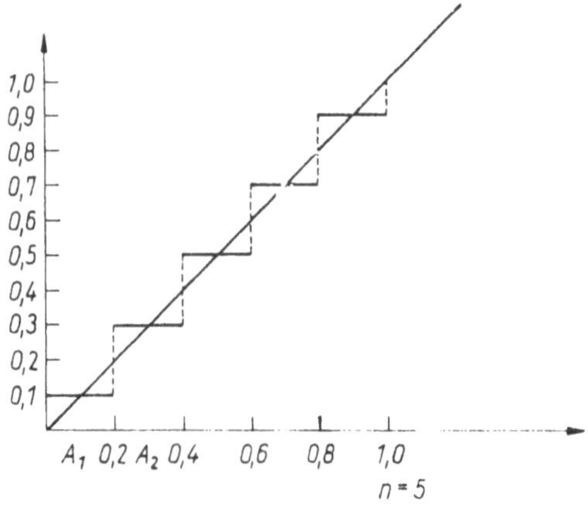

Abb. 1

3.4. Bedingte Dichten. Weitere Beispiele

Die allgemeinen Definitionen aus Abschnitt 3.3. sind nicht konstruktiv. Durch Anwendung des Satzes von RADON-NIKODYM wird lediglich die Existenz von $\mathsf{E}(Y \mid X)$ bzw. $\mathsf{P}(A \mid X)$ nachgewiesen. In vielen Fällen kann man jedoch durch intuitive Überlegungen auf die „richtige“ Gestalt der bedingten Erwartungswerte und der bedingten Wahrscheinlichkeiten kommen. Ein Beispiel dafür war die Konstruktion dieser Begriffe im Falle einer diskreten ZG X in Abschnitt 3.1. Wir wollen nun einige weitere Beispiele angeben.

Sei (X_1, X_2) ein ZV mit der stetigen Dichte $f(x, y)$, wobei die Randdichte $f_1(x) = \int\limits_{\infty}^{+\infty} f(x, y)\, \mathrm{d}y$ überall echt positiv ist. Durch den Grenzübergang haben wir im Beispiel 1.3. festgestellt, daß es vernünftig ist, den Ausdruck

$$f_{X_2}(y \mid x) = \frac{f(x, y)}{f_1(x)} \tag{1}$$

als bedingte Dichte von X_2 unter der Bedingung $X_1 = x$ aufzufassen. Für jede meßbare reelle Funktion g wird man dann den bedingten Erwartungswert von $g(X_2)$ unter der Bedingung $X_1 = x$ gleich dem Ausdruck

$$\mathsf{E}\big(g(X_2) \mid X_1 = x\big) = \int\limits_{-\infty}^{+\infty} g(y)\, f_{X_2}(y \mid x)\, \mathrm{d}y\,, \tag{2}$$

d. h. dem Erwartungswert von $g(X_2)$ bezüglich der bedingten Verteilung von X_2 unter der Bedingung $X_1 = x$, setzen.

Wir zeigen nun, daß durch (2) eine Festlegung des bedingten Erwartungswertes $\mathsf{E}\big(g(X_2) \mid X_1\big)$ (aufgefaßt als reelle Funktion von x) definiert wird, d. h., es gilt

$$\mathsf{E}\big(g(X_2) \mid X_1 = x\big) = \mathsf{E}\big(g(X_2) \mid X_1\big)\,(x) \quad [\mathfrak{B}^1, \mathsf{P}_{X_1}].$$

Offenbar ist $\mathsf{E}(g(X_2) \mid X_1 = x)$ eine meßbare Funktion in x. Für jedes $B \in \mathfrak{B}^1$ sei $X_1^{-1}(B) = \{(x, y) : x \in B\}$. Wir haben noch die Gültigkeit von

$$\int_{X_1^{-1}(B)} g(y)\, \mathsf{P}_{X_1,X_2}(\mathrm{d}x, \mathrm{d}y) = \int_B \mathsf{E}\big(g(X_2) \mid X_1 = x\big)\, \mathsf{P}_{X_1}(\mathrm{d}x)$$

für alle $B \in \mathfrak{B}^1$ zu beweisen. Es ist

$$\int_B \mathsf{E}(g(X_2) \mid X_1 = x)\, \mathsf{P}_{X_1}(\mathrm{d}x) =$$

$$\int_B \left(\int_{-\infty}^{\infty} g(y) \frac{f(x, y)}{f_1(x)}\, \mathrm{d}y \right) f_1(x)\, \mathrm{d}x = \int_{X^{-1}(B)} g(y)\, f(x, y)\, \mathrm{d}x\, \mathrm{d}y.$$

Ist f_1 nicht überall echt positiv, so hat die Menge $\{x : f_1(x) = 0\}$ das P_{X_1}-Maß Null. Für diese X kann man die bedingte Dichte $f_{X_2}(y \mid x)$ z. B. gleich einer beliebigen Dichte setzen und $E(g(X_2) \mid X_1 = x)$ wieder gemäß (2) bestimmen. Man beweist genauso wie bereits oben, daß $\mathsf{E}(g(X_2) \mid X_1 = x)$ eine Festlegung von $\mathsf{E}(g(X_2) \mid X_1)$ ist.

Wir können diese Überlegungen sofort verallgemeinern. Sei (X_1, X_2) ein zufälliges Element des meßbaren Raumes $[\mathscr{X}_1 \times \mathscr{X}_2, \mathfrak{G}_1 \otimes \mathfrak{G}_2]$, $\mu_1 \times \mu_2$ ein Produktmaß auf $\mathfrak{G}_1 \otimes \mathfrak{G}_2$. Das Verteilungsgesetz P_{X_1,X_2} sei bezüglich $\mu_1 \times \mu_2$ absolut stetig und besitze die Dichte $f(x, y)$, $x \in \mathscr{X}_1$, $y \in \mathscr{X}_2$. Sei $f_1(x)$ die Dichte von P_{X_1}. Die Größe

$$f_{X_2}(y \mid x) = \begin{cases} \dfrac{f(x, y)}{f_1(x)} & \text{für } x \text{ mit } f_1(x) > 0, \\ \text{beliebige Dichte sonst} \end{cases}$$

nennt man die *bedingte Dichte* von X_2 unter der Bedingung $X_1 = x_1$.

Durch den Ausdruck

$$\int_{\mathscr{X}_2} g(y)\, f_{X_2}(y \mid x)\, \mu_2(\mathrm{d}y)$$

wird eine Festlegung von $\mathsf{E}(g(X_2) \mid X_1)\,(x)$ definiert (Beweis wie oben). Durch

$$\mathsf{P}_{X_2}(A \mid X_1 = x) = \int_A f_{X_2}(y \mid x)\, \mu_2(\mathrm{d}y)$$

wird für jedes x ein W-Maß auf $\mathfrak{G}_2$ definiert (die bedingte Verteilung von X_2 unter der Bedingung $X_1 = x$). Offenbar gilt für alle x

$$\mathsf{E}\big(g(X_2) \mid X_1\big)(x) = \int_{\mathscr{X}_2} g(y)\, \mathsf{P}_{X_2}(\mathrm{d}y \mid X_1 = x).$$

Beispiel 1. Der ZV (X_1, X_2) sei normalverteilt. Seine Dichte hat die Gestalt

$$f(x, y) =$$

$$\frac{1}{2\pi\sigma_1\sigma_2\sqrt{1-\varrho^2}} \exp\left(-\frac{1}{2(1-\varrho^2)}\left(\frac{x^2}{\sigma_1{}^2} - \frac{2\varrho xy}{\sigma_1\sigma_2} + \frac{y^2}{\sigma_2{}^2}\right)\right),$$

wobei ϱ die Korrelation zwischen X_1 und X_2 ist. Offenbar gilt

$$f_{X_2}(y \mid x) = \frac{1}{\sqrt{2\pi(1-\varrho^2)\,\sigma_2{}^2}} \exp\left[-\frac{\left(y - \varrho\,\dfrac{\sigma_2}{\sigma_1}\,x\right)^2}{2(1-\varrho^2)\,\sigma_2{}^2}\right]. \qquad (3)$$

Das ist die Dichte von $N\left(\varrho\,\dfrac{\sigma_2}{\sigma_1}\,x,\ (1-\varrho^2)\,\sigma_2{}^2\right)$. Daraus folgt sofort

$$\mathsf{E}(X_2 \mid X_1) = \varrho\,\frac{\sigma_2}{\sigma_1}\,X_1, \quad \mathrm{Var}\,(X_2 \mid X_1) = (1-\varrho^2)\,\sigma_2{}^2, \qquad (4)$$

wobei $\mathrm{Var}\,(X_2 \mid X_1)$ die bedingte Varianz, d. h. die Varianz bezüglich der Dichte $f_{X_2}(y \mid x)$, bezeichnet.

Die erste Anwendung dieser Beziehung stammt von Galton. Es mögen X_1, X_2 die Größen der Väter und Söhne einer gewissen Population charakterisieren (gemessen als Abweichungen von dem Mittelwert). Dann ist die Größe der Söhne $N(0, \sigma_2{}^2)$-verteilt. In der Teilpopulation, in der die Väter eine feste Größe $X_1 = x$

haben, ist die Größe der Söhne eine $N\left(\varrho \frac{\sigma_2}{\sigma_1} x, \sigma_2^2(1-\varrho^2)\right)$-verteilte ZG.

Oft tritt folgendes Problem auf: Sei $X = (X_1, \ldots, X_n)$ ein n-dimensionaler ZV mit der Dichte $f_X(x_1, \ldots, x_n)$. Es sei ferner (T, Y) eine umkehrbar eindeutige Transformation des $\mathbb{R}^n$ in sich mit $T = (T_1, \ldots, T_r)$, $Y = (Y_1, \ldots, Y_{n-r})$. Uns interessiert die bedingte Dichte $f_Y(y \mid t)$ von Y unter der Bedingung $T = t$.

Die Transformationsformel für Dichten besagt, daß

$$f_X(x) = f_{T,Y}\big(T(x), Y(x)\big) \cdot |J| \tag{5}$$

gilt, wobei $|J|$ die JACOBIsche Determinante von $(T_1, \ldots, T_r, Y_1, \ldots, Y_{n-r})$ bezüglich $(x_1, \ldots, x_n)$ ist. Es gilt

$$f_Y(y \mid t) = \frac{f_{T,Y}(t, y)}{\int\limits_{\mathbb{R}^{n-r}} f_{T,Y}(t, y')\,\mathrm{d}y'}, \tag{6}$$

wobei entsprechend (5)

$$f_{T,Y}(t, y) = \frac{1}{|J|} f_X(x) \tag{7}$$

mit $\big(T(x), Y(x)\big) = (t, y)$ ist.

Beispiel 2. Sei Y eine absolut stetige ZG über $[\Omega, \mathfrak{F}, \mathsf{P}]$ mit der Dichte f,

$$g\colon (\mathbb{R}^1, \mathfrak{B}^1) \to (\mathbb{R}^1, \mathfrak{B}^1) \;\; \mathsf{P}_Y\text{-integrierbar}$$

und

$$X\colon (\mathbb{R}^1, \mathfrak{B}^1) \to (\mathbb{R}^+, \mathfrak{B}^1 \cap \mathbb{R}^+) \text{ mit } X(y) = |y|.$$

Dann besteht $\mathfrak{C} = X^{-1}(\mathfrak{B}^1 \cap \mathbb{R}^+)$ aus allen Mengen $B \in \mathfrak{B}^1$, die symmetrisch um den Nullpunkt liegen, d. h., jede Menge $B \in \mathfrak{C}$ besitzt die Gestalt $B = A \cup (-A)$, $A \in \mathfrak{B}^1 \cap \mathbb{R}^+$, wobei $-A = \{x\colon -x \in A\}$ ist. $\mathsf{E}(g(Y) \mid X)$ ist dann $[\mathfrak{C}, \mathsf{P}_X]$-eindeutig durch

$$\mathsf{E}(g(Y) \mid X)\,(y)$$

$$= \begin{cases} \dfrac{g(y)\,f(y) + g(-y)\,f(-y)}{f(y) + f(-y)}, & \text{falls } f(y) + f(-y) > 0, \\ k \in \mathbb{R}^1 \text{ beliebig} & \text{sonst,} \end{cases}$$

definiert.

Beweis. $\mathsf{E}(g(Y) \mid X)$ ist offenbar $\mathfrak{C}$-meßbar. Außerdem gilt für alle $B \in \mathfrak{C}$

$$\int_B \mathsf{E}\big(g(Y) \mid X\big)(y)\, \mathsf{P}_Y(\mathrm{d}y) = \int_B \mathsf{E}\big(g(Y) \mid X\big)(y)\, f(y)\, \mathrm{d}y$$

$$= \int_A \mathsf{E}\big(g(Y) \mid X\big)(y)\, f(y)\, \mathrm{d}y + \int_{-A} \mathsf{E}\big(g(Y) \mid X\big)(y)\, f(y)\, \mathrm{d}y$$

$$= \int_A \big[\mathsf{E}\big(g(Y) \mid X\big)(y)\, f(y) + \mathsf{E}\big(g(Y) \mid X\big)(-y)\, f(-y)\big]\, \mathrm{d}y$$

$$= \int_A [g(y)\, f(y) + g(-y)\, f(-y)]\, \mathrm{d}y$$

$$= \int_B g(y)\, f(y)\, \mathrm{d}y = \int_B g(y)\, \mathsf{P}_Y(\mathrm{d}y),$$

also genügt $\mathsf{E}(g(Y) \mid X)$ der Funktionalgleichung (3.1).

Beispiel 3. Sei G eine Gruppe endlicher Ordnung q von meßbaren Transformationen π von $(\Omega, \mathscr{F})$ auf sich und $\mathfrak{C} \subseteq \mathscr{F}$ die σ-Algebra der gegenüber $\pi \in G$ invarianten Mengen, für jedes $B \in \mathfrak{C}$ und $\pi \in G$ gilt also $\pi(B) = B$. Das W-Maß P sei gegenüber allen $\pi \in G$ invariant, d. h., es gilt $\mathsf{P}\big(\pi(A)\big) = \mathsf{P}(A)$, $\pi \in G$ und $A \in \mathscr{F}$. Dann wird durch

$$\mathsf{E}(Y \mid \mathfrak{C})(\omega) = \frac{1}{q} \sum_{\pi \in G} Y\big(\pi(\omega)\big)$$

eine Festlegung von $\mathsf{E}(Y \mid \mathfrak{C})$ definiert. Offenbar ist $\mathsf{E}(Y \mid \mathfrak{C})\big(\pi(\omega)\big) = \mathsf{E}(Y \mid \mathfrak{C})(\omega)$, $\pi \in G$, d. h., $\mathsf{E}(Y \mid \mathfrak{C})$ ist auf den Bahnen von G konstant. Dann ist $\mathsf{E}(Y \mid \mathfrak{C})$ aber $\mathfrak{C}$-meßbar. Ferner gilt für $B \in \mathfrak{C}$ unter Beachtung von $\pi(B) = B$ und der Invarianz des Maßes P

$$\int_B \mathsf{E}(Y \mid \mathfrak{C})(\omega)\, \mathsf{P}(\mathrm{d}\omega) = \frac{1}{q} \sum_{\pi \in G} \int_B Y\big(\pi(\omega)\big)\, \mathsf{P}(\mathrm{d}\omega)$$

$$= \frac{1}{q} \sum_{\pi \in G} \int_{\pi(B)} Y(\omega')\, \mathsf{P}\big(\pi^{-1}(\mathrm{d}\omega')\big) = \frac{1}{q} \sum_{\pi \in G} \int_B Y(\omega')\, \mathsf{P}(\mathrm{d}\omega')$$

$$= \int_B Y(\omega)\, \mathsf{P}(\mathrm{d}\omega).$$

3.5. *Eigenschaften bedingter Erwartungswerte und bedingter Wahrscheinlichkeiten*

Bei dem bedingten Erwartungswert $\mathsf{E}(Y \mid \mathfrak{C})$ und bei der bedingten Wahrscheinlichkeit $\mathsf{P}(A \mid \mathfrak{C})$ handelt es sich um ZG. Dennoch haben sie mit den „gewöhnlichen" Erwartungswerten und Wahrscheinlichkeiten viele gemeinsame Eigenschaften.

Im weiteren wird angenommen, daß alle auftretenden bedingten Erwartungswerte existieren. Alle Gleichungen werden im Sinne der $[\mathfrak{C},\mathsf{P}]$-Äquivalenz verstanden.

E 1. *Ist* $Y \geqq 0$, *so ist auch* $\mathsf{E}(Y \mid \mathfrak{C}) \geqq 0$.

Beweis. Vgl. den Beweis des Satzes 3.1. ∎

E 2. *Es gilt*

$$\mathsf{E}(aY_1 + bY_2 \mid \mathfrak{C}) = a\mathsf{E}(Y_1 \mid \mathfrak{C}) + b\mathsf{E}(Y_2 \mid \mathfrak{C}).$$

Beweis. Wir zeigen, daß die rechte Seite eine Festlegung der linken ist. Offenbar ist der rechts stehende Ausdruck $\mathfrak{C}$-meßbar. Ferner genügt die rechte Seite für jedes $B \in \mathfrak{C}$ der Gleichung (3.1). ∎

E 3. *Ist* Y $\mathfrak{C}$-*meßbar, so gilt* $\mathsf{E}(Y \mid \mathfrak{C}) = Y$.
Insbesondere ist also $\mathsf{E}(\mathsf{E}(Y \mid \mathfrak{C}) \mid \mathfrak{C}) = \mathsf{E}(Y \mid \mathfrak{C})$.

E 4. *Aus* $Y_2 \geqq Y_1$ *folgt* $\mathsf{E}(Y_2 \mid \mathfrak{C}) \geqq \mathsf{E}(Y_1 \mid \mathfrak{C})$.

E 5. *Aus* $a \leqq Y \leqq b$ *folgt* $a \leqq \mathsf{E}(Y \mid \mathfrak{C}) \leqq b$.

E 6. *Es gelte* $Y_n \uparrow Y$. *Dann gilt* $\mathsf{E}(Y_n \mid \mathfrak{C}) \uparrow \mathsf{E}(Y \mid \mathfrak{C})$.

Beweis. Nach E 4 ist die Folge $\mathsf{E}(Y_n \mid \mathfrak{C})$ monoton nicht fallend. Also existiert eine $\mathfrak{C}$-meßbare Funktion $g(\omega)$ mit $\mathsf{E}(Y_n \mid \mathfrak{C}) \uparrow g$ P-fast überall. Wir zeigen $\mathsf{E}(Y \mid \mathfrak{C}) = g$. Es gilt nämlich für jedes $B \in \mathfrak{C}$

$$\begin{aligned}\int_B g(\omega)\,\mathsf{P}(\mathrm{d}\omega) &= \lim_{n\to\infty} \int_B \mathsf{E}(Y_n \mid \mathfrak{C})(\omega)\,\mathsf{P}(\mathrm{d}\omega)\\ &= \lim_{n\to\infty} \int_B Y_n(\omega)\,\mathsf{P}(\mathrm{d}\omega)\\ &= \int_B Y(\omega)\,\mathsf{P}(\mathrm{d}\omega).\end{aligned}$$
∎

E 7. *Es gelte $Y_n \to Y$ P-fast überall und $|Y_n| \leqq Z$, $\mathsf{E}Z < \infty$. Dann gilt*

$$\mathsf{E}(Y_n \mid \mathfrak{C}) \to \mathsf{E}(Y \mid \mathfrak{C}) \quad \text{P-}\textit{fast überall.}$$

Beweis. Sei

$$\hat{Y}_n(\omega) = \sup_{j \geqq n} |Y_j(\omega) - Y(\omega)|.$$

Offenbar gilt $\hat{Y}_n \downarrow 0$ P-fast überall, und durch eine einfache Modifikation von E 6 folgt $\mathsf{E}(\hat{Y}_n \mid \mathfrak{C}) \downarrow 0$. Es ist

$$\begin{aligned} |\mathsf{E}(Y \mid \mathfrak{C}) - \mathsf{E}(Y_n \mid \mathfrak{C})| &= |\mathsf{E}(Y - Y_n \mid \mathfrak{C})| \\ &\leqq \mathsf{E}(|Y - Y_n| \mid \mathfrak{C}) \\ &\leqq \mathsf{E}(\hat{Y}_n \mid \mathfrak{C}). \end{aligned}$$

Hieraus folgt die Behauptung. ∎

E 8. *Sei Z eine $\mathfrak{C}$-meßbare ZG. Dann gilt*

$$\mathsf{E}(ZY \mid \mathfrak{C}) = Z\mathsf{E}(Y \mid \mathfrak{C}).$$

Beweis. Offenbar ist $Z\mathsf{E}(Y \mid \mathfrak{C})$ eine $\mathfrak{C}$-meßbare ZG. Es bleibt noch die Gültigkeit von

$$\int_B Z(\omega)\, \mathsf{E}(Y \mid \mathfrak{C})(\omega)\, \mathsf{P}(d\omega) = \int_B Z(\omega)\, Y(\omega)\, \mathsf{P}(d\omega)$$

für alle $B \in \mathfrak{C}$ nachzuweisen. Für jedes $C \in \mathfrak{C}$ gilt die Beziehung

$$\mu(C) = \int_C Y(\omega)\, \mathsf{P}(d\omega) = \int_C \mathsf{E}(Y \mid \mathfrak{C})(\omega)\, \mathsf{P}(d\omega)$$

Also ist

$$\begin{aligned} \int_B Z(\omega)\, Y(\omega)\, \mathsf{P}(d\omega) &= \int_B Z(\omega)\, \mu(d\omega) \\ &= \int_B Z(\omega)\, \mathsf{E}(Y \mid \mathfrak{C})(\omega)\, \mathsf{P}(d\omega). \end{aligned}$$ ∎

E 9. *Seien $\mathfrak{C}_1, \mathfrak{C}_2$ Unteralgebren von $\mathfrak{F}$ mit $\mathfrak{C}_2 \subseteq \mathfrak{C}_1$. Dann ist*

$$\mathsf{E}\big(\mathsf{E}(Y \mid \mathfrak{C}_1) \mathfrak{C}_2\big) = \mathsf{E}(Y \mid \mathfrak{C}_2).$$

Beweisen Sie E 9.

E 10. *Ist Y unabhängig von $\mathfrak{C}$, d. h. sind die σ-Algebren $\mathfrak{C}$ und $\mathfrak{F}_Y$ unabhängig, dann gilt*

$$\mathsf{E}(Y \mid \mathfrak{C}) = \mathsf{E}Y .$$

Beweis. Für jedes $B \in \mathfrak{C}$ sind die ZG I_B und Y unabhängig. Also gilt

$$\int_B Y(\omega)\,\mathsf{P}(d\omega) = \mathsf{E}(I_B \cdot Y) = \mathsf{E}(I_B)\,\mathsf{E}(Y) = \int_B \mathsf{E}(Y)\,\mathsf{P}(d\omega).$$

Da außerdem $\mathsf{E}(Y)$ als Konstante $\mathfrak{C}$-meßbar ist, folgt daraus, daß $\mathsf{E}(Y)$ eine Festlegung von $\mathsf{E}(Y \mid \mathfrak{C})$ ist. ∎

Aus der Definition $\mathsf{P}(A \mid \mathfrak{C}) = \mathsf{E}(I_A \mid \mathfrak{C})$ und den bewiesenen Eigenschaften des bedingten Erwartungswertes ergeben sich folgende Eigenschaften der bedingten Wahrscheinlichkeiten:

P 1. *Es ist* $0 \leqq \mathsf{P}(A \mid \mathfrak{C}) \leqq 1$.

P 2. *Aus $A \supseteq B$ folgt* $\mathsf{P}(A \mid \mathfrak{C}) \geqq \mathsf{P}(B \mid \mathfrak{C})$.

P 3. *Ist A unabhängig von $\mathfrak{C}$, so gilt* $\mathsf{P}(A \mid \mathfrak{C}) = \mathsf{P}(A)$.

P 4. *Ist $A \in \mathfrak{C}$, so gilt* $\mathsf{P}(A \mid \mathfrak{C}) = I_A$.

P 5. *Sind die Mengen $\{A_n\}$, $n = 1, 2, \ldots$, paarweise disjunkt, dann gilt*

$$\mathsf{P}\left(\bigcup_{n=1}^{\infty} A_n \mid \mathfrak{C}\right) = \sum_{n=1}^{\infty} \mathsf{P}(A_n \mid \mathfrak{C}). \qquad (1)$$

Bemerkung 1. Die Eigenschaft P 5 bedeutet nicht, daß für jedes $\omega \in \Omega$ durch $\mathsf{P}(A \mid \mathfrak{C})(\omega)$ ein Wahrscheinlichkeitsmaß definiert wird. Für eine vorgegebene Folge $\{A_n\}$ ist die Gleichung (1) auf einer Menge vom P-Maß Null verletzt. Diese Ausnahmemenge ist jedoch von der Folge $\{A_n\}$ abhängig. Es ist also im allgemeinen durchaus möglich, daß kein ω existiert, für das (1) für alle Folgen $\{A_n\}$ von Mengen aus $\mathfrak{F}$ gelten würde.

3.6. *Geometrische Interpretation des bedingten Erwartungswertes*

Bekanntlich ist der Raum $L^2(\Omega, \mathfrak{F}, \mathsf{P})$ aller ZG Y auf $[\Omega, \mathfrak{F}, \mathsf{P}]$, für die $\mathsf{E}Y^2 < \infty$ gilt, ein separabler HILBERT-Raum mit dem Skalarprodukt $(X, Y) = \mathsf{E}XY$ und der Norm $\|Y\| = \sqrt{\mathsf{E}Y^2}$. (Genauer gesagt betrachtet man Klassen äquivalenter ZG als Elemente von L^2. Wir fassen eine ZG Y als einen Repräsentanten der entsprechenden Äquivalenzklasse auf.)

Für jede σ-Unteralgebra $\mathfrak{C} \subseteq \mathfrak{F}$ ist dann $L^2(\Omega, \mathfrak{C}, \mathsf{P})$ (die Menge aller $\mathfrak{C}$-meßbaren Y mit $\mathsf{E}Y^2 < \infty$) ein abgeschlossener Unterraum von $L^2(\Omega, \mathfrak{F}, \mathsf{P})$.

Es gilt der folgende

Satz 1. *Der lineare Operator* $\mathsf{E}(\cdot \mid \mathfrak{C})$, *eingeschränkt auf* $L^2(\Omega, \mathfrak{F}, \mathsf{P})$, *ist gerade der Projektionsoperator von* $L^2(\Omega, \mathfrak{F}, \mathsf{P})$ *auf* $L^2(\Omega, \mathfrak{C}, \mathsf{P})$, *d. h., es gilt*

$$\|Y - \mathsf{E}(Y \mid \mathfrak{C})\| = \min_{Z \in L^2(\Omega, \mathfrak{C}, \mathsf{P})} \|Y - Z\|.$$

Für jede ZG Y mit $\mathsf{E}Y^2 < \infty$ stellt also $\mathsf{E}(Y \mid \mathfrak{C})$ die im Sinne des mittleren quadratischen Abstandes $\mathsf{E}(Y - Z)^2$ beste Approximation von Y durch $\mathfrak{C}$-meßbare Funktionen dar. Insbesondere ist $\mathsf{E}(Y \mid X)$ diejenige Funktion der ZG X, die Y im Sinne des Abstandes $\mathsf{E}(Y - Z)^2$ am besten approximiert. Die ZG $\mathsf{E}(Y \mid X)$ wird auch als *Regression* von Y auf X bezeichnet. Sie kann inhaltlich als optimale Vorhersage von Y auf Grund von Beobachtungen der Zufallsgröße X gedeutet werden.

Zum Beweis des Satzes 1 benötigen wir einen Hilfssatz, der auch große eigenständige Bedeutung hat.

Lemma 1 (JENSENsche Ungleichung). *Sei φ eine konvexe reelle Funktion auf $D \subseteq \mathbb{R}^n$, d. h., es gelte*

$$\varphi\left(\frac{x + y}{2}\right) \leqq \frac{1}{2}\,\varphi(x) + \frac{1}{2}\,\varphi(y), \qquad x, y \in D.$$

Für jeden ZV $X = (X_1, \ldots, X_n)$ auf $[\Omega, \mathfrak{F}, \mathsf{P}]$ mit der Eigenschaft $\mathsf{P}_X(\bar{D}) = 0$ und $\mathsf{E}|X_i| < \infty$ für $i = 1, \ldots, n$ gilt dann die Ungleichung

$$\mathsf{E}\varphi(X_1, \ldots, X_n) \geqq \varphi(\mathsf{E}X_1, \ldots, \mathsf{E}X_n).$$

Beweis. Zu jedem Punkt $y = (y_1, \ldots, y_n)$ des Definitionsbereiches von φ existiert eine durch $(y, \varphi(y))$ gehende Hyperebene des $\mathbb{R}^{n+1}$ (Stützhyperebene)

$$x_{n+1} = \varphi(y) + \sum_{i=1}^{n} \lambda_i(x_i - y_i), \quad \lambda_i = \lambda_i(y),$$

so daß für alle x gilt

$$\varphi(x) \geqq x_{n+1} = \varphi(y) + \sum_{i=1}^{n} \lambda_i(x_i - y_i).$$

Setzen wir anstelle von x den ZV X und anstelle von y den Vektor $\mathsf{E}X = (\mathsf{E}X_1, \ldots, \mathsf{E}X_n)$ ein, so erhalten wir

$$\varphi(X) \geqq \varphi(\mathsf{E}X) + \sum_{i=1}^{n} \lambda_i(X_i - \mathsf{E}X_i)$$

mit Wahrscheinlichkeit 1. Also gilt $\mathsf{E}\varphi(X) \geqq \varphi(\mathsf{E}X)$. ∎

Folgerung 1. *Ist φ eine reelle konvexe Funktion auf $\mathbb{R}^1$, so gilt für jede σ-Unteralgebra $\mathfrak{C} \subseteq \mathfrak{F}$*

$$\mathsf{E}(\varphi(Y) \mid \mathfrak{C}) \geqq \varphi(\mathsf{E}(Y \mid \mathfrak{C})).$$

Insbesondere ist

$$\mathsf{E}(Y^2 \mid \mathfrak{C}) \geqq (\mathsf{E}(Y \mid \mathfrak{C}))^2.$$

Beweis. Wegen der Konvexität von φ gilt mit Wahrscheinlichkeit 1

$$\varphi(Y) \geqq \varphi(\mathsf{E}(Y \mid \mathfrak{C})) + \lambda(Y - \mathsf{E}(Y \mid \mathfrak{C})).$$

Nach E 4. und E 3. aus Abschnitt 3.5. folgt daraus

$$\begin{aligned}\mathsf{E}(\varphi(Y) \mid \mathfrak{C}) &\geqq \varphi(\mathsf{E}(Y \mid \mathfrak{C})) + \lambda\mathsf{E}(Y \mid \mathfrak{C}) - \lambda\mathsf{E}(Y \mid \mathfrak{C}) \\ &= \varphi(\mathsf{E}(Y \mid \mathfrak{C})).\end{aligned}$$ ∎

Beweis des Satzes 1. Aus der Folgerung 1 erhalten wir, daß aus $Y \in L^2(\Omega, \mathfrak{F}, \mathsf{P})$ die Beziehung $\mathsf{E}(Y \mid \mathfrak{C}) \in L^2(\Omega, \mathfrak{C}, \mathsf{P})$ folgt. Also bildet $\mathsf{E}(\cdot \mid \mathfrak{C})$ den Raum $L^2(\Omega, \mathfrak{F}, \mathsf{P})$ in $L^2(\Omega, \mathfrak{C}, \mathsf{P})$ ab.

Wir zeigen, daß für jedes $Z \in L^2(\Omega, \mathfrak{C}, \mathsf{P})$ die Ungleichung

$$\mathsf{E}\big(Y - \mathsf{E}(Y \mid \mathfrak{C})\big)^2 \leqq \mathsf{E}(Y - Z)^2$$

gilt. Wir setzen $Y_1 = \mathsf{E}(Y \mid \mathfrak{C})$ und erhalten

$$\begin{aligned} \mathsf{E}(Y - Z)^2 &= \mathsf{E}\big((Y - Y_1) + (Y_1 - Z)\big)^2 \\ &= \mathsf{E}(Y - Y_1)^2 + \mathsf{E}(Z - Y_1)^2 + \\ &\quad 2\mathsf{E}\big((Y - Y_1)(Y_1 - Z)\big). \end{aligned}$$

Es ist

$$\begin{aligned} \mathsf{E}\big((Y - Y_1)(Y_1 - Z) \mid \mathfrak{C}\big) &= (Y_1 - Z)\, \mathsf{E}(Y - Y_1 \mid \mathfrak{C}) \\ &= (Y_1 - Z)\, [(\mathsf{E}Y \mid \mathfrak{C}) \\ &\quad - \mathsf{E}(Y_1 \mid \mathfrak{C})] \\ &= (Y_1 - Z)(Y_1 - Y_1) \\ &= 0. \end{aligned}$$

Aus der Formel (3.3) folgt $\mathsf{E}\big((Y - Y_1)(Y_1 - Z)\big) = 0$. Also ist $\mathsf{E}(Y - Z)^2 = \mathsf{E}(Y - Y_1)^2 + E(Z - Y_1)^2 \geqq \mathsf{E}(Y - Y_1)^2$.■

3.7. Reguläre bedingte Wahrscheinlichkeiten

In Bemerkung 5.1. haben wir bereits darauf hingewiesen, daß es im allgemeinen nicht möglich ist, für jedes feste ω die Wahrscheinlichkeiten $\mathsf{P}(A \mid \mathfrak{C})(\omega)$, $A \in \mathfrak{F}$, zu einem W-Maß zusammenzufügen. Andererseits haben wir in 3.2. und 3.4. gesehen, daß man die bedingten Wahrscheinlichkeiten $\mathsf{P}(A \mid X)$ auf der Ausnahmemenge von P_X-Maß Null so definieren kann, daß $\mathsf{P}(A \mid X)(x)$ für jedes x eine Wahrscheinlichkeitsverteilung auf $\mathfrak{F}$ definiert. In diesen Fällen hing allerdings die Ausnahmemenge lediglich von der Zufallsvariablen X ab.

Es ist daher von Interesse, Bedingungen anzugeben, unter denen so etwas wie bedingte Wahrscheinlichkeitsverteilungen existieren. Wir führen zunächst den folgenden Begriff ein.

Definition 1. Die Familie $\mathsf{P}(A \mid \mathfrak{C})(\omega)$ von bedingten Wahrscheinlichkeiten nennt man *regulär*, falls eine Funktion $p(\omega, A)$ auf $\Omega \times \mathfrak{F}$ mit Werten aus $[0, 1]$ existiert, für die

a) $p(\omega, \cdot)$ für fast alle $\omega \in \Omega$ ein W-Maß auf $\mathfrak{F}$ ist,

b) $p(\cdot, A)$ für jedes feste $A \in \mathfrak{F}$ $\mathfrak{C}$-meßbar ist und $p(\omega, A) = \mathsf{P}(A \mid \mathfrak{C})(\omega)$ $[\mathfrak{C}, \mathsf{P}]$ gilt.

Im regulären Fall identifiziert man $\mathsf{P}(A \mid \mathfrak{C})$ mit der vorgegebenen Funktion $p(\omega, A)$ und spricht von einer *bedingten Wahrscheinlichkeitsverteilung.*

Wie aus den in den Abschnitten 3.2. und 3.4. behandelten Fällen bereits zu erwarten ist, gilt der folgende

Satz 1. *Ist* $\mathsf{P}(A \mid \mathfrak{C})$ *regulär, so gilt für jede ZG* Y

$$\mathsf{E}(Y \mid \mathfrak{C}) = \int_{\Omega} Y(\omega)\, \mathsf{P}(d\omega \mid \mathfrak{C}) \quad [\mathfrak{C}, \mathsf{P}].$$

Im regulären Fall ist also der bedingte Erwartungswert gleich dem Integral bezüglich des bedingten W-Maßes.

Der Beweis des Satzes 1 verläuft genauso wie der Beweis der Eigenschaft E 8 in Abschnitt 3.5.

Wir erweitern die Definition 1. Seien Z ein zufälliges Element eines meßbaren Raumes $[M, \mathfrak{M}]$ auf $[\Omega, \mathfrak{F}, \mathsf{P}]$ und $\mathfrak{C}$ eine σ-Unteralgebra von $\mathfrak{F}$.

Definition 2. Eine Funktion $Q(\omega, B)$ auf $\Omega \times \mathfrak{M}$ mit Werten aus $[0, 1]$ heißt *reguläre bedingte Verteilung* von Z bezüglich $\mathfrak{C}$, falls gilt

a) für jedes feste $A \in \mathfrak{M}$ ist $Q(\cdot, A)$ $\mathfrak{C}$-meßbar,
b) für fast alle ω ist $Q(\omega, \cdot)$ ein W-Maß auf $\mathfrak{M}$,
c) für jedes $A \in \mathfrak{M}$ ist

$$Q(\omega, A) = \mathsf{P}(Z \in A \mid \mathfrak{C}) \quad [\mathfrak{C}, \mathsf{P}].$$

Die letzte Forderung ist äquivalent mit der Gültigkeit der Gleichung

$$\int_B Q(\omega, A)\, \mathsf{P}(\mathrm{d}\omega) = \mathsf{P}(Z^{-1}(A) \cap B)$$

für alle $B \in \mathfrak{C}$. Es gilt der folgende

Satz 2. *Seien M ein vollständiger separabler metrischer Raum und $\mathfrak{M}$ die σ-Algebra seiner Borel-Mengen, Z ein zufälliges Element von $[M, \mathfrak{M}]$ auf $[\Omega, \mathfrak{F}, \mathsf{P}]$, $\mathfrak{C}$ eine σ-Unteralgebra von $\mathfrak{F}$. Dann existiert eine reguläre bedingte Verteilung von Z bezüglich $\mathfrak{C}$.*

Beweis. Wir setzen $\mathsf{P}_Z(A) = \mathsf{P}(Z \in A)$, $A \in \mathfrak{M}$. Zu jeder vorgegebenen natürlichen Zahl n läßt sich eine kompakte Menge K_n aus M mit $\mathsf{P}_Z(M \setminus K_n) < \frac{1}{n}$ finden (vgl. Aufgabe 1.5.3.). Mit $C(M)$ bezeichnen wir den Raum der stetigen und beschränkten Funktionen auf M mit der Metrik

$$\varrho(f, g) = \sup_{x \in M} |f(x) - g(x)|.$$

Da der Raum $C(K_n)$ separabel ist, existiert eine abzählbare überall dichte Folge $\{f_{nk}(x), k = 1, 2, \ldots\}$ in $C(K_n)$, die wir auf den ganzen Raum fortsetzen, so daß

$$\sup_{x \in M} |f_{nk}(x)| = \max_{x \in K_n} |f_{nk}(x)|$$

ist. Aus den Eigenschaften E 1, E 2, E 3 und E 6 des bedingten Erwartungswertes aus dem Abschnitt 3.5. folgt, daß eine Menge $D \in \mathfrak{F}$ mit $\mathsf{P}(D) = 0$ existiert, so daß für alle $\omega \notin D$ und für alle n, k, j und rationalen r die folgenden Beziehungen gelten:

$$\mathsf{E}(f_{nk}(Z) \mid \mathfrak{C}) \geqq 0 \quad \text{falls } f_{nk}(x) \geqq 0,$$
$$\mathsf{E}(|f_{nk}(Z) - f_{nj}(Z)| \mid \mathfrak{C}) \leqq r \quad \text{falls } |f_{nk}(x) - f_{nj}(x)| < r,$$
$$\mathsf{E}(r f_{nk}(Z) \mid \mathfrak{C}) = r\mathsf{E}(f_{nk}(Z) \mid \mathfrak{C}),$$
$$\mathsf{E}(f_{nk}(Z) \pm f_{nj}(Z) \mid \mathfrak{C}) = \mathsf{E}(f_{nk}(Z) \mid \mathfrak{C}) \pm \mathsf{E}(f_{nj}(Z) \mid \mathfrak{C}),$$
$$\lim_{m \to \infty} \mathsf{E}((1 - I_{K_m}(Z))\, f_{nk}(Z) \mid \mathfrak{C}) = 0.$$

Andererseits gilt für beliebige $B \in \mathfrak{C}$

$$\left| \int_B \left(\mathsf{E}(f(Z) \mid \mathfrak{C})\,(\omega) - \mathsf{E}(f_{nk}(Z) \mid \mathfrak{C})\,(\omega) \right) \mathsf{P}(\mathrm{d}\omega) \right|$$

$$\leqq \int_B |f(x) - f_{nk}(x)|\, \mathsf{P}_Z(\mathrm{d}x).$$

Wählen wir nun die Folge $\{f_{nk}(x)\}$ so aus, daß

$$\varrho\left(I_{K_n}(f(x)),\, f_{nk_n}(x)\right) \xrightarrow[n\to\infty]{} 0$$

konvergiert, so zeigt sich, daß $f_{nk_n}(x)$ gleichmäßig beschränkt ist, $\int_M |f(x) - f_{nk_n}(x)|\, \mathsf{P}_Z(\mathrm{d}x) \to 0$ konvergiert und somit $\mathsf{E}(f(Z) \mid \mathfrak{C})$ bis auf $[\mathfrak{C}, \mathsf{P}]$-Äquivalenz durch

$$\mathsf{E}(f(Z) \mid \mathfrak{C}) = \lim_{n\to\infty} \mathsf{E}(f_{nk_n}(Z) \mid \mathfrak{C})$$

definiert ist. Der Grenzwert hängt nicht von der Auswahl der approximierenden Folge $\{f_{nk_n}(x)\}$ ab.

Der so definierte bedingte Erwartungswert $\mathsf{E}(f(Z) \mid \mathfrak{C})$ besitzt nun die bis auf $[\mathfrak{C}, \mathsf{P}]$-Äquivalenz geltenden Eigenschaften:

$$\mathsf{E}(f(Z) \mid \mathfrak{C}) \geqq 0, \quad \text{falls } f \geqq 0,$$

$$\mathsf{E}(a_1 f_1(Z) + a_2 f_2(Z) \mid \mathfrak{C}) = a_1 \mathsf{E}(f_1(Z) \mid \mathfrak{C}) + a_2 \mathsf{E}(f_2(Z) \mid \mathfrak{C}),$$

$$E\left(f(Z)\,(1 - I_{K_n}(Z)) \mid \mathfrak{C}\right) \xrightarrow[n\to\infty]{} 0.$$

$L_\omega(f) = \mathsf{E}(f(Z) \mid \mathfrak{C})$ ist somit ein positives lineares Funktional auf $C(M)$, für das nach dem Darstellungssatz für lineare Funktionale ein Maß $\mathsf{P}_Z^\omega(A)$ auf $[M, \mathfrak{M}]$ existiert, so daß

$$\mathsf{E}(f(Z) \mid \mathfrak{C}) = \int_M f(x)\, \mathsf{P}_Z^\omega(\mathrm{d}x)$$

gilt.

Diese Gleichung können wir als Definition des bedingten Erwartungswertes für beliebige $\mathfrak{M}$-meßbare (oder P_Z-integrierbare) nichtnegative Funktionen nehmen. Indem wir $f(x) = I_A(x)$ setzen, erhalten wir $\mathsf{P}(Z \in A \mid \mathfrak{C}) = \mathsf{P}_Z^\omega(A)$ für $\omega \notin D$ und $\mathsf{P}(Z \in A \mid \mathfrak{C}) = \mathsf{P}_Z(A)$ für $\omega \in D$. ∎

Bemerkung 1. Sei X ein zufälliges Element des Raumes $[\mathscr{X}, \mathfrak{G}]$ auf $[\Omega, \mathfrak{F}, \mathsf{P}]$. Wir wissen, daß der bedingte Erwartungswert $\mathsf{E}(Y \mid X)$ und die bedingte Wahrscheinlichkeit $\mathsf{P}(A \mid X)$, $A \in \mathfrak{F}$ meßbare Funktionen von X sind. Unter den Voraussetzungen des Satzes 2 existiert eine reguläre bedingte Verteilung von Z bezüglich X, die wir jetzt in der Form $Q(x, A)$, $A \in \mathfrak{M}$, $x \in \mathscr{X}$ schreiben können. $Q(x, A)$ ist also eine Funktion von $\mathscr{X} \times \mathfrak{M}$ mit Werten aus $[0, 1]$, die folgende Eigenschaften besitzt:

a) für jedes feste $A \in \mathfrak{M}$ ist $Q(\cdot, A)$ $\mathfrak{G}$-meßbar,

b) für jedes $x \notin D$ ist $Q(x, \cdot)$ ein W-Maß auf $\mathfrak{M}$; dabei ist $D \in \mathfrak{G}$ mit $\mathsf{P}_X(D) = 0$,

c) für beliebige $B \in \mathfrak{G}$ und $A \in \mathfrak{M}$ gilt

$$\mathsf{P}(Z \in A, X \in B) = \int_B Q(x, A)\, \mathsf{P}_X(\mathrm{d}x), \tag{1}$$

insbesondere gilt

$$\mathsf{P}_Z(A) = \mathsf{P}(Z \in A) = \int_{\mathscr{X}} Q(x, A)\, \mathsf{P}_X(\mathrm{d}x), \tag{2}$$

d) für jede $\mathfrak{M}$-meßbare reelle Funktion g auf M gilt

$$\mathsf{E}\big(g(Z) \mid X\big)(x) = \int_M g(z)\, Q(x, \mathrm{d}z), \tag{3}$$

$$\mathsf{E}g(Z) = \int_{\mathscr{X}} \mathsf{E}\big(g(Z) \mid X\big)(x)\, \mathsf{P}_X(\mathrm{d}x). \tag{4}$$

Man kann $Q(x, A)$ als die bedingte Wahrscheinlichkeit des Ereignisses $\{Z \in A\}$ unter der Bedingung $\{X = x\}$ interpretieren und diese Tatsache durch die Bezeichnung

$$Q(x, A) = \mathsf{P}(Z \in A \mid X = x)$$

zum Ausdruck bringen.

Die rechte Seite von (2) deutet man als *Mischung* der Verteilungsgesetze $Q(x, A)$. Man sagt auch, daß das

Verteilungsgesetz P_Z aus $Q(x, A)$ durch *Randomisierung* entsteht, indem x durch den zufälligen, gemäß P_X verteilten Parameter X ersetzt wird. Unter den im Satz 2 getroffenen Voraussetzungen an den Wertebereich von Z kann jedes Verteilungsgesetz P_Z als eine Mischung dargestellt werden. In unseren Überlegungen war das Verteilungsgesetz P auf $\mathfrak{F}$ und somit das Verteilungsgesetz $\mathsf{P}_{X,Z}$ des ZV (X, Z) gegeben und die Existenz von $Q(x, A)$ wurde nachgewiesen. Dabei muß betont werden, daß wir kein konstruktives Verfahren zur Berechnung von $Q(x, A)$ besitzen. In konkreten Aufgaben muß man sich hier auf die Intuition verlassen. Eine Möglichkeit der Gewinnung der bedingten Wahrscheinlichkeiten $Q(x, A)$ durch „Zusammenziehen" von Mengen zu einem Punkt x wurde in Beispiel 1.3. vorgeführt.

In sehr vielen Problemstellungen geht man jedoch gerade umgekehrt vor. Die bedingte Verteilung $Q(x, A) = \mathsf{P}(Z \in A \mid X = x)$ ist hier vorgegeben, und man benutzt die Formeln (1)—(4) als Berechnungsverfahren zur Bestimmung von Wahrscheinlichkeiten und Erwartungswerten. Wir wollen uns damit systematisch beschäftigen.

3.8. *Stochastische Kerne*

Definition 1. Es seien $[\Omega_1, \mathfrak{F}_1]$, $[\Omega_2, \mathfrak{F}_2]$ zwei meßbare Räume. Eine Abbildung $\mathsf{Q}(\omega, A)$ von $\Omega_1 \times \mathfrak{F}_2$ in $[0, 1]$ heißt ein *stochastischer* oder *Markowscher Kern* von Ω_1 nach Ω_2, wenn

a) $\mathsf{Q}(\cdot, A)$ für jedes feste $A \in \mathfrak{F}_2$ $\mathfrak{F}_1$-meßbar und

b) $\mathsf{Q}(\omega, \cdot)$ für jedes feste $\omega \in \Omega_1$ ein W-Maß auf $\mathfrak{F}_2$ ist.

Man bezeichnet $\mathsf{Q}(\omega, A)$ auch als *Übergangswahrscheinlichkeit.*

Bemerkung 1. Man kann den Begriff des stochastischen Kerns wie folgt heuristisch deuten. Man betrachtet einen Nachrichtenkanal, bei dem die gesendeten Nachrichten in Ω_1 und die empfangenen in Ω_2 liegen. Liegt kein zufälliges Rauschen vor, so kann der Kanal durch eine meßbare Abbildung f von Ω_1 in Ω_2 beschrieben werden, die jeder gesendeten Nachricht $\omega \in \Omega_1$ eineindeutig eine empfangene Nachricht $f(\omega) \in \Omega_2$ zuordnet. Liegt jedoch ein zufälliges Rauschen vor, so entspricht einer gesendeten Nachricht eine zufällige empfangene Nachricht. Ein solcher Übertragungskanal wird durch einen stochastischen Kern $\mathsf{Q}(\omega, \cdot)$ beschrieben.

Bemerkung 2. Sei $\mathscr{P}$ die Menge aller Verteilungsgesetze auf $\mathfrak{F}_2$ und $\mathfrak{P}$ die kleinste σ-Algebra von Teilmengen aus $\mathscr{P}$, für die die Abbildungen

$$\mathsf{P} \to \mathsf{P}(B), \qquad B \in \mathfrak{F}_2,$$

von $\mathscr{P}$ in $[0, 1]$ meßbar sind.

Ein stochastischer Kern ist dann eine meßbare Abbildung von $[\Omega_1, \mathfrak{F}_1]$ in $[\mathscr{P}, \mathfrak{P}]$. Jedem $\omega \in \Omega_1$ wird ein Element aus $\mathscr{P}$ zugeordnet, und diese Zuordnung ist $(\mathfrak{P}, \mathfrak{F}_1)$-meßbar.

Insbesondere entsprechen meßbaren Abbildungen f von Ω_1 nach Ω_2 spezielle stochastische Kerne, nämlich

$$\mathsf{Q}(\omega, A) = \delta_{f(\omega)}(A).$$

Wir definieren nun einige Verknüpfungen von Wahrscheinlichkeitsmaßen auf $\mathfrak{F}_1$ mit $\mathsf{Q}(\cdot, \cdot)$, die offensichtlich den Formeln (7.2) und (7.1) entsprechen.

Definition 2. Sei P ein W-Maß auf $\mathfrak{F}_1$ und Q ein stochastischer Kern von Ω_1 nach Ω_2. Als *Faltung* $\mathsf{P} * \mathsf{Q}$ von P und Q bezeichnet man das durch

$$\mathsf{P} * \mathsf{Q}(A) = \int_{\Omega_1} \mathsf{Q}(\omega, A)\, \mathsf{P}(\mathrm{d}\omega) \tag{1}$$

definierte Maß auf $\mathfrak{F}_2$.

Als *direktes Produkt* von P mit Q bezeichnet man das eindeutig bestimmte Maß $\mathsf{P} \times \mathsf{Q}$ auf $\mathfrak{F}_1 \otimes \mathfrak{F}_2$ mit der Eigenschaft

$$\mathsf{P} \times \mathsf{Q}(A_1 \times A_2) = \int_{A_1} \mathsf{Q}(\omega, A_2)\, \mathsf{P}(\mathrm{d}\omega), \quad A_i \in \mathfrak{F}_i, \quad i = 1, 2. \tag{2}$$

Die Tatsache, daß durch Forderung (2) ein eindeutig bestimmtes Maß auf $\mathfrak{F}_1 \otimes \mathfrak{F}_2$ definiert ist, folgt aus dem Fortsetzungssatz 1.2.1. für Maße.

Gilt $\mathsf{Q}(\omega, A) = \mathsf{Q}(A)$, wobei Q ein W-Maß auf $\mathfrak{F}_2$ ist, so definiert $\mathsf{P} \times \mathsf{Q}$ das gewöhnliche direkte Produkt zweier Maße.

Bemerkung 3. Interpretiert man $\mathsf{Q}(\omega, A)$ als die bedingte Verteilung eines zufälligen Elements Z von $[\Omega_2, \mathfrak{F}_2]$ unter der Bedingung, daß ein zufälliges Element X von $[\Omega_1, \mathfrak{F}_1]$ den Wert ω angenommen hat und P als das Verteilungsgesetz von X, so kann man mit Hilfe von (1) und (2) das Verteilungsgesetz von Z bzw. von (X, Z) bestimmen.

Zur Berechnung von Erwartungswerten ist der folgende Satz nützlich.

Satz 1 (Satz von Fubini für stochastische Kerne). *Sei* P *ein W-Maß auf* $\mathfrak{F}_1$ *und* Q *ein stochastischer Kern von* Ω_1 *nach* Ω_2. *Sei* f *eine meßbare reelle Funktion auf* $\Omega_1 \times \Omega_2$, *die außerdem bezüglich* $\mathsf{P} \times \mathsf{Q}$ *integrierbar ist. Dann ist* $g(x) = \int\limits_{\Omega_2} f(x, y)\, \mathsf{Q}(x, \mathrm{d}y)$ P-*fast überall definiert,* $\mathfrak{F}_1$-*meßbar, bezüglich* P *integrierbar, und es gilt*

$$\begin{aligned}\mathsf{E}f(X, Z) &= \int\limits_{\Omega_1 \times \Omega_2} f(x, y)\, \mathsf{P} \times \mathsf{Q}(\mathrm{d}x, \mathrm{d}y) = \int\limits_{\Omega_1} g(x)\, \mathsf{P}(\mathrm{d}x)\\ &= \int\limits_{\Omega_1} \Bigl(\int\limits_{\Omega_2} f(x, y)\, \mathsf{Q}(x, \mathrm{d}y)\Bigr) \mathsf{P}(\mathrm{d}x).\end{aligned}$$

Der Beweis erfolgt nach dem üblichen Beweisschema (Indikatorfunktionen, Treppenfunktionen, monotone Konvergenz).

Beispiel 1. Wir knüpfen an das Beispiel 1.2. an und beweisen jetzt die Faltungsformel mit Hilfe der Formel der totalen Wahrscheinlichkeit (7.2).

Sei (X, Y) ein ZV mit unabhängigen Komponenten, d. h., es gilt $\mathsf{P}_{X,Y} = \mathsf{P}_X \times \mathsf{P}_Y$. Uns interessiert das Verteilungsgesetz von $X + Y$. Offenbar gilt für jedes $B \in \mathfrak{B}^1$

$$\begin{aligned}\mathsf{P}(X + Y \in B \mid X = x) &= \mathsf{P}(Y + x \in B) = \mathsf{P}(Y \in B - x)\\ &= \mathsf{P}_Y(B - x),\end{aligned}$$

wobei $B - x = \{y : y + x \in B\}$ ist. Nach der Formel (7.2) erhalten wir

$$\mathsf{P}(X + Y \in B) = \int_{-\infty}^{+\infty} \mathsf{P}_Y(B - x)\, \mathsf{P}_X(\mathrm{d}x).$$

Analog zeigt man

$$\mathsf{P}(X + Y \in B) = \int_{-\infty}^{+\infty} \mathsf{P}_X(B - y)\, \mathsf{P}_Y(\mathrm{d}y).$$

Ist $B = (-\infty, z)$, so erhält man die Faltungsformeln für die Verteilungsfunktionen.

Beispiel 2. Sei (X, Y) ein ZV mit unabhängigen Komponenten. Es gelte ferner $\mathsf{P}_X\big((0, \infty)\big) = 1$. Es bezeichne

$$F(x) = \mathsf{P}(X < x), \quad G(y) = \mathsf{P}(Y < y).$$

Gesucht ist die Verteilungsfunktion von $Z = XY$. Wir wenden die Formel (7.2) an. Wegen

$$\mathsf{P}(Z < t \mid X = x) = \mathsf{P}(Y \cdot x < t) = \mathsf{P}\left(Y < \frac{t}{x}\right) = G\left(\frac{t}{x}\right)$$

für $x > 0$ erhalten wir

$$\begin{aligned} \mathsf{P}(Z < t) &= \int_0^\infty \mathsf{P}(Z < t \mid X)\,(x)\, \mathsf{P}_X(\mathrm{d}x) \\ &= \int_0^\infty G\left(\frac{t}{x}\right) \mathrm{d}F(x). \end{aligned}$$

Beispiel 3. Es seien $X_1, X_2, \ldots$ unabhängige und identisch gemäß F verteilte ZG. Die zufällige natürliche Zahl N sei von der Folge (X_i) unabhängig, und es sei

$$p_n = \mathsf{P}(N = n), \qquad n = 0, 1, 2, \ldots$$

Gesucht ist die Verteilungsfunktion von $S_N = \sum_{i=1}^{N} X_i$.

Lösung. Sei $F_0(x) = \begin{cases} 0 & x \leqq 0 \\ 1, & \text{sonst} \end{cases}$

und $F_n(x) = \int\limits_{-\infty}^{+\infty} F_{n-1}(x-y)\, \mathrm{d}F(y)$ die n-te Faltung von F.

Es ist

$$\mathsf{P}(S_N < x \mid N = n) = \mathsf{P}(S_n < x),$$

wobei $S_n = X_1 + \cdots + X_n$ für $n > 0$ und $S_0 = 0$ ist. Mit Hilfe der Formel (7.2) erhalten wir

$$\mathsf{P}(S_N < x) = \sum_{n=0}^{\infty} p_n F_n(x).$$

Den Erwartungswert $\mathsf{E}S_N$ kann man mit Hilfe der Formel (7.4) bestimmen. Es ist

$$\mathsf{E}(S_N \mid N = n) = n\mathsf{E}X_1$$

und

$$\mathsf{E}S_N = \sum_{n=0}^{\infty} p_n \cdot n \cdot \mathsf{E}X_1 = \mathsf{E}X_1 \cdot \mathsf{E}N.$$

Analog kann man die Varianz von S_N bestimmen.

Beispiel 4. Die Momente des Eintreffens der von einem Zähler registrierten Teilchen bilden einen homogenen POISSONschen Prozeß der Intensität λ. Das bedeutet, daß die Anzahl der in einem Beobachtungsintervall der Länge t registrierten Teilchen POISSON-verteilt ist mit dem Parameter λt; die Anzahlen der Teilchen in disjunkten Intervallen sind unabhängig (äquivalent dazu ist, daß die Abstände zwischen den Momenten des Eintreffens der Teilchen unabhängige und identisch exponentiell mit dem Parameter λ verteilte ZG sind). Der Zähler hat eine zufällige Lebensdauer T mit der Verteilungsfunktion F. Man bestimme das Verteilungsgesetz der Anzahl X der während der Arbeitszeit des Zählers registrierten Teilchen.

Lösung. Aus den Voraussetzungen folgt unmittelbar,

daß gilt

$$\mathsf{P}(X = k \mid T = t) = \frac{(\lambda t)^k}{k!} e^{-\lambda t}.$$

In diesem Problem ist also die bedingte Verteilung von X unter der Bedingung $T = t$ von vornherein gegeben. Nach der Formel (7.2) folgt

$$\mathsf{P}(X = k) =$$

$$\int_0^\infty \mathsf{P}(X = k \mid T = t) \, dF(t) = \int_0^\infty \frac{(\lambda t)^k}{k!} e^{-\lambda t} \, dF(t).$$

Beispiel 5. Es seien $t_1, t_2, \ldots$ die Sprungpunkte eines homogenen Poissonschen Prozesses $\{N(t), t \geqq 0\}$ der Intensität λ. Man zeige, daß für jedes t und beliebige $x_1 < \cdots < x_n \leq t$ gilt

$$\mathsf{P}(t_1 \leqq x_1, \ldots, t_n \leqq x_n \mid N(t) = n)$$

$$= \frac{n!}{t^n} \int_0^{x_1} \int_{u_1}^{x_2} \cdots \int_{u_{n-1}}^{x_n} du_n \cdots du_1 .$$

Beweis: Es ist leicht einzusehen, daß aus den Voraussetzungen für alle $0 < u_1 < u_2 < \cdots < u_i$, $i = 1, 2, \ldots,$

$$\mathsf{P}(t_i \leqq u_i \mid t_{i-1} = u_{i-1}, \ldots, t_1 = u_1) = 1 - e^{-\lambda(u_i - u_{i-1})}$$

folgt. Damit erhalten wir durch n-malige Anwendung der Formel (7.2)

$$\mathsf{P}(t_1 \leqq x_1, \ldots, t_n \leqq x_n, t_{n+1} > t)$$

$$= \int_0^{x_1} \mathsf{P}(t_2 \leqq x_2, \ldots, t_n \leqq x_n, t_{n+1} > t) \mid t_1 = u_1) \, \lambda e^{-\lambda u_1} du_1$$

$$= \int_0^{x_1} \lambda e^{-\lambda u_1} \int_{u_1}^{x_2} \mathsf{P}(t_3 \leqq x_3, \ldots, t_n \leqq x_n, t_{n+1} > t \mid$$

$$t_1 = u_1, t_2 = u_2) \, \mathsf{P}_{t_2}(du_2 \mid t_1 = u_1) \, du_1$$

$$= \int_0^{x_1} \int_{u_1}^{x_2} \lambda e^{-\lambda u_1} \lambda e^{-\lambda(u_2-u_1)} \mathsf{P}(t_3 \leqq x_3, \ldots, t_n \leqq x_n, t_{n+1} > t \mid t_1 = u_1, t_2 = u_2) \, du_2 \, du_1$$

$$= \cdots$$

$$= \int_0^{x_1} \int_{u_1}^{x_2} \cdots \int_{u_{n-1}}^{x_n} \lambda^n e^{-\lambda u_n} e^{-\lambda(t-u_n)} \, du_n \ldots du_1,$$

woraus wegen

$$\begin{aligned} &\mathsf{P}\big(t_1 \leqq x_1, \ldots, t_n \leqq x_n \mid N(t) = n\big) \\ &\quad = \mathsf{P}\big(t_1 \leqq x_1, \ldots, t_n \leqq x_n, N(t) = n\big) \, \mathsf{P}\big(N(t) = n\big)^{-1} \\ &\quad = \mathsf{P}(t_1 \leqq x_1, \ldots, t_n \leqq x_n, t_{n+1} > t) \left(\frac{(\lambda t)^n}{n!} e^{-\lambda t}\right)^{-1} \end{aligned}$$

unmittelbar die Behauptung folgt. ∎

Beispiel 6. Wir betrachten den Spezialfall $\Omega_1 = \Omega_2 = \mathbb{N}$. Ein stochastischer Kern von $\mathbb{N}$ nach $\mathbb{N}$ ist einfach eine Matrix $Q = (q_{ij})$, die die Eigenschaften

$$q_{ij} \geqq 0, \qquad \sum_j q_{ij} = 1$$

besitzt. Solche Matrizen bezeichnet man als *stochastische Matrizen.*

Aufgaben zu Kapitel 3

1. X_1, X_2 seien unabhängige ZG, die ein und dieselbe geometrische Verteilung besitzen. Man zeige, daß
$$\mathsf{P}(X_1 = k \mid X_1 + X_2 = n) = \frac{1}{n+1}, \quad \text{für } k = 0, 1, \ldots, n$$
gilt.
2. $\{X_i\}$ sei eine Folge unabhängiger ZG mit $\mathsf{P}(X_i = 1) = p$, $\mathsf{P}(X_i = 0) = 1 - p$. Man zeige, daß
$$\mathsf{P}\left((X_1, \ldots, X_n) = (x_1, \ldots, x_n) \,\Big|\, \sum_{i=1}^n X_i = y\right) = \frac{1}{\binom{n}{y}} \text{ gilt.}$$

3. X_1, X_2 seien unabhängige POISSON-verteilte ZG mit den Parametern λ_1, λ_2. Man zeige, daß die bedingte Verteilung von X_1 unter der Bedingung $X_1 + X_2 = n$ eine Binomialverteilung ist.
4. $(X_1, \ldots, X_n)$ sei eine unabhängige zufällige Stichprobe mit POISSON-verteilten Komponenten. Man bestimme
$$\mathsf{P}\left((X_1, \ldots, X_n) = (x_1, \ldots, x_n) \mid \sum_{i=1}^{n} X_i = y\right).$$
5. Es sei $\{X_i\}$ eine Folge unabhängiger, identisch verteilter zufälliger natürlicher Zahlen mit $\mathsf{P}(X_i = m) = f_m$ für jedes i. N sei eine von X_i unabhängige natürliche Zahl mit $\mathsf{P}(N = n) = g_n$. Man bestimme
   a) die erzeugende Funktion $F_{S_N}(s) = \sum_{k=0}^{\infty} \mathsf{P}(S_N = k)\, s^k$ von $S_N = \sum_{i=1}^{N} X_i$;
   b) $F_{S_N}(s)$ für BERNOULLI-verteilte X_i und POISSON-verteiltes N;
   c) man gebe eine inhaltliche Interpretation für b) an.
6. Es seien $X_1, X_2, \ldots$ unabhängige, identisch verteilte ZG (mit $\operatorname{Var} X_i < \infty$) und N sei eine zufällige natürliche Zahl (mit $\operatorname{Var} N < \infty$), die von der Folge X_i unabhängig ist.
   a) Man berechne die Varianz von $S_N = \sum_{i=1}^{N} X_i$.
   b) Man bestimme die Verteilung von S_N, falls $\mathsf{P}(X_i < x) = 1 - e^{-\lambda x}$ und $\mathsf{P}(N = n) = pq^{n-1}$, $n \geqq 1$, $0 < p \leqq 1$, gelten.
7. Es seien $X_1, \ldots, X_n$ unabhängige ZG, und es gelte $\mathsf{P}(X_i < x) = 1 - e^{-\lambda_i x}$. Man zeige $\mathsf{P}(\min(X_1, \ldots, X_n) = X_i) = \dfrac{\lambda_i}{\sum_{j=1}^{n} \lambda_j}$.
8. Es seien $X_1, X_2, \ldots$ unabhängige und identisch verteilte ZG, $F(x) = \mathsf{P}(X_i < x)$. Die zufällige natürliche Zahl N sei von der Folge X_i unabhängig. Ferner bezeichne $F_N(s)$ die erzeugende Funktion von N.
   Man beweise, daß die zufällige Größe $\max(X_1, \ldots, X_N)$ die Verteilungsfunktion $F_N \cdot F$ besitzt.
9. Man beweise die Formel
$$\operatorname{Var} X = \mathsf{E}(\operatorname{Var}(X \mid Y)) + \operatorname{Var}(\mathsf{E}(X \mid Y)).$$

10. Ein stochastischer Prozeß X_t, $t \geqq 0$, heißt ein *Martingal*, wenn $\mathsf{E}X_t < +\infty$, $t \geq 0$, und für jedes $s > 0$ und beliebige $t_1 < \cdots < t_n < s$

$$\mathsf{E}(X_s \mid X_{t_1}, \ldots, X_{t_n}) = X_{t_n}$$

gelten.
Man zeige, daß ein Prozeß X_t, $t \geqq 0$, mit unabhängigen Zuwächsen und der Eigenschaft $\mathsf{E}(X(t) - X(u)) = 0$ für alle $u < t$ ein Martingal ist.
11. Sei $X_1, X_2, \ldots$ eine Folge unabhängiger ZG mit $\mathsf{E}X_i = 0$. Man zeige, daß $Y_n = \sum_{i=1}^{n} X_i$ ein Martingal ist.
12. $\mathscr{F}_i$ seien σ-Algebren, für die $\mathscr{F}_1 \subseteq \mathscr{F}_2 \subseteq \mathscr{F}_3 \subseteq \cdots$ gilt. X sei eine ZG auf $[\Omega, \mathscr{F}, \mathsf{P}]$ mit $\mathscr{F} \supseteq \mathscr{F}_i$ für alle i.
Man beweise, daß der durch die Gleichung $Y_n = \mathsf{E}(X \mid \mathscr{F}_n)$, $n = 1, 2, \ldots$, definierte stochastische Prozeß ein Martingal ist.
13. X sei exponentialverteilt mit dem Parameter λ. Bei vorgegebenem $X = y$ sei Y POISSON-verteilt mit dem Parameter y. Man bestimme das Verteilungsgesetz von Y.
14. Die zufällige Lebensdauer eines Objektes sei exponentialverteilt mit dem Parameter λ. Zu Beginn der Beobachtung möge das Objekt ein zufälliges Alter X haben.
Man zeige, daß die zufällige restliche Lebensdauer des Objekts wieder exponentialverteilt ist mit dem Parameter λ.
15. Zwei σ-Unteralgebren $\mathscr{F}_1$, $\mathscr{F}_2$ von $\mathscr{F}$ sind genau dann unabhängig, wenn für jede $\mathscr{F}_2$-meßbare positive ZG Y gilt $\mathsf{E}(Y \mid \mathscr{F}_1) = \mathsf{E}(Y)$.
Hinweis: Man benutze die Aussage aus der Aufgabe 2.4.6.
16. Es gelte $\mathsf{P} \ll \nu$, wobei ν ein Maß auf $\mathscr{F}$ ist. Die RADON-NIKODYM-Ableitung sei $f = \dfrac{d\mathsf{P}}{d\nu}$. Für die Einschränkungen $\mathsf{P}|_{\mathfrak{C}}$, $\nu|_{\mathfrak{C}}$ gilt

$$\frac{d\mathsf{P}|_{\mathfrak{C}}}{d\nu|_{\mathfrak{C}}}(\omega) = \mathsf{E}(f|\mathfrak{C})(\omega).$$

4. Anhang. Einige Anwendungen der regulären bedingten Verteilungen in der Mathematischen Statistik

4.1. *Suffiziente Statistiken*[1])

Seien $[\mathcal{X}, \mathfrak{A}]$ ein meßbarer Raum und X ein zufälliges Element dieses Raumes. Wir deuten $x \in \mathcal{X}$ als das Ergebnis der Beobachtung einer Erscheinung (eines Experiments) mit zufälligem Ausgang. Man bezeichnet X in der Statistik dann auch als Stichprobe und $[\mathcal{X}, \mathfrak{A}]$ als Raum der statistischen Daten oder Stichprobenraum. Von dem Verteilungsgesetz P^X von X sei nun nur bekannt, daß es einer Klasse $\mathcal{P} = \{\mathsf{P}_\vartheta : \vartheta \in \Theta\}$ von W-Maßen auf $\mathfrak{A}$ angehört. Dabei benutzen wir auch die Schreibweise $\mathcal{P} = \{\mathsf{P}_\vartheta{}^X : \vartheta \in \Theta\}$.

Das Problem der statistischen Induktion besteht nun darin, auf der Grundlage einer Beobachtung $x \in \mathcal{X}$ von X Aussagen über den Wert des unbekannten Parameters ϑ und damit über das Verteilungsgesetz $\mathsf{P}_\vartheta{}^X$ von X zu machen.

Ein wichtiges Problem in der Mathematischen Statistik ist die Reduktion von Daten ohne Informationsverlust über ϑ. Jede meßbare, von $\mathsf{P}_\vartheta{}^X$ unabhängige Funktion T von $[\mathcal{X}, \mathfrak{A}]$ in $[\mathcal{T}, \mathcal{F}]$, die im weiteren auch Statistik genannt wird, reduziert nun, sofern sie nicht eineindeutig ist, die Daten. Die Reduktion der Daten ohne Informationsverlust über ϑ ist dann äquivalent zum Auffinden von Statistiken T derart, daß $T(X)$ „einfacher" als X ist und dennoch die gesamte Information über den unbekannten Parameter enthält. Solche Statistiken heißen suffizient oder erschöpfend. Bevor wir eine formale Definition geben, betrachten wir ein Beispiel.

---

[1]) Wir verwenden im Anhang die in der statistischen Literatur üblichen Bezeichnungen, die sich jedoch nur geringfügig von den bisher verwendeten unterscheiden.

Beispiel 1. Wir betrachten n unabhängige Versuche mit unbekannter Erfolgswahrscheinlichkeit ϑ. Es sei $X_i = 1$, falls beim i-ten Versuch ein Erfolg und $X_i = 0$, falls beim i-ten Versuch ein Mißerfolg eingetreten war. Die unabhängige Stichprobe X hat dann die Form $X = (X_1, \ldots, X_n)$.

Eine Reduktion der Daten durch die Statistik $T(X) = \sum_{i=1}^{n} X_i$ erscheint sehr plausibel, denn bei fest vorgegebenem Stichprobenumfang n wird eine sinnvolle Entscheidung über die Erfolgswahrscheinlichkeit ϑ nur von der Anzahl der Erfolge in den n Versuchen abhängen und nicht noch von der Rangfolge der erfolgreichen und nicht erfolgreichen Versuche.

$T(X)$ ist nun binomialverteilt mit den Parametern n und $\vartheta \in [0, 1]$, d. h., es gilt

$$\mathsf{P}_\vartheta{}^T(t) = \binom{n}{t} \vartheta^t (1 - \vartheta)^{n-t}, \qquad t \in \{0, \ldots, n\}.$$

Aus Aufgabe 3.8.2. erhält man dann für jedes $x \in \mathscr{X}$

$$\mathsf{P}_\vartheta{}^X\big((x_1, \ldots, x_n) \mid T = t\big) = \mathsf{P}_\vartheta{}^X\big((X_1, \ldots, X_n) = (x_1, \ldots, x_n) \mid T = t\big) = \frac{1}{\binom{n}{t}}.$$

Offensichtlich ist diese Verteilung, da sie nicht mehr von ϑ abhängt, bekannt. Aus der Kenntnis des Wertes von T kann dann aber ohne Kenntnis von ϑ und der Verteilung der X_i, z. B. mit Hilfe von Zufallszahlen, ein ZV X' konstruiert werden, der die gleiche Verteilung wie X besitzt, d. h., der Übergang von X zu $T(X)$ führt zu keinem Informationsverlust hinsichtlich ϑ. Diese Überlegungen führen uns zu folgender

Definition 1. Sei $\mathscr{P} = \{\mathsf{P}_\vartheta : \vartheta \in \Theta\}$ eine Klasse von W-Maßen auf $\mathfrak{A}$. Eine Statistik T heißt *suffizient* (*erschöpfend*) für $\mathscr{P}$ (oder auch Θ), falls für jedes $B \in \mathfrak{A}$ eine Festlegung $\mathsf{P}^X(B|T)$ von $\mathsf{P}_\vartheta{}^X(B|T)$ existiert, die unabhängig von ϑ, $\vartheta \in \Theta$, ist.

Definition 2. Eine Statistik T heißt *minimalsuffizient* für $\mathcal{P}$, wenn sie eine Funktion jeder anderen suffizienten Statistik für $\mathcal{P}$ ist.

Am häufigsten hat man es mit dem Fall eines n-dimensionalen ZV $X = (X_1, \ldots, X_n)$, d. h. $[\mathcal{X}, \mathfrak{A}] = [\mathbb{R}^n, \mathfrak{B}^n]$ zu tun. Aus Satz 3.7.2. folgt unmittelbar der folgende

Satz 1. *Ist $\mathcal{X}$ ein Euklidischer Raum und ist T suffizient für $\mathcal{P}$, so existiert eine reguläre bedingte Verteilung $\mathsf{P}^X(B \mid t)$, $B \in \mathfrak{B}^n$, von X unter der Bedingung $T = t$, die unabhängig von ϑ ist. Gemäß* (3.7.2) *gilt dann*

$$\mathsf{P}_\vartheta{}^X(B) = \int_{\mathcal{T}} \mathsf{P}^X(B \mid t)\, \mathsf{P}_\vartheta{}^T(\mathrm{d}t), \quad B \in \mathfrak{B}^n. \tag{1}$$

Offenbar bedeutet der Übergang von X zu den „reduzierten" Daten $T(X)$ tatsächlich keinen Verlust an Information bezüglich ϑ. Denn gemäß (1) erhält man die Verteilung $\mathsf{P}_\vartheta{}^X$ aus $\mathsf{P}_\vartheta{}^T$ und einer von ϑ unabhängigen Verteilung $\mathsf{P}^X(\cdot \mid t)$.

Beispiel 2. Sei $X = (X_1, \ldots, X_n)$ und $\mathcal{P} = \{\mathsf{P}_\vartheta : \vartheta \in \Theta\}$ die Familie aller permutationsinvarianten W-Maße auf $\mathfrak{B}^n$. Es ist also $\mathsf{P}_\vartheta{}^{(X_1,\ldots,X_n)} = \mathsf{P}_\vartheta{}^{(X_{i_1},\ldots,X_{i_n})}$, wobei $(i_1, \ldots, i_n)$ eine beliebige Permutation ist (ist X eine unabhängige Stichprobe, dann ist P^X trivialerweise permutationsinvariant). Sei

$$T(X_1, \ldots, X_n) = (X^{[1]}, \ldots, X^{[n]})$$

die sogenannte Ordnungsstatistik, d. h. der Vektor der der Größe nach geordneten Komponenten $X_1, \ldots, X_n$. Offenbar ist T suffizient für $\mathcal{P}$, denn nach Beispiel 3.4.3. gilt

$$\mathsf{P}_\vartheta{}^X(B \mid T = t) = \frac{1}{n!} \sum_{\pi \in G}{}' I_B(\pi X), \qquad \vartheta \in \Theta,$$

wobei G die Gruppe der Permutationen und π Elemente von G bezeichnen.

Es ist im allgemeinen recht aufwendig, die bedingte Verteilung von X unter der Bedingung $T = t$ auszurechnen, um die Suffizienz von T für $\mathscr{P}$ festzustellen. Eine wesentliche Hilfe dabei ist das Faktorisierungskriterium von NEYMAN-FISHER, demzufolge man die Suffizienz einer Statistik T oft bereits aus der Gestalt der Verteilung $\mathsf{P}_\vartheta{}^X$ erkennen kann.

Bevor wir dieses Kriterium formulieren können, benötigen wir einige Begriffe.

Definition 3. Eine Klasse $\mathscr{P} = \{\mathsf{P}_\vartheta : \vartheta \in \Theta\}$ von W-Maßen auf $\mathfrak{A}$ heißt *dominiert*, falls ein σ-endliches Maß μ auf $\mathfrak{A}$ existiert derart, daß $\mathsf{P}_\vartheta \ll \mu$ für jedes $\vartheta \in \Theta$ gilt.

Definition 4. Eine Menge $N \in \mathfrak{A}$ heißt *$\mathscr{P}$-Nullmenge*, falls $\mathsf{P}_\vartheta(N) = 0$ für jedes $\vartheta \in \Theta$ gilt. Die Klasse $\mathscr{P}$ heißt *äquivalent* zu einem σ-endlichen Maß μ, falls jede $\mathscr{P}$-Nullmenge eine μ-Nullmenge ist und umgekehrt.

Zwei Klassen $\mathscr{P}_1$ und $\mathscr{P}_2$ von W-Maßen auf $\mathfrak{A}$ heißen *äquivalent*, wenn jede $\mathscr{P}_1$-Nullmenge eine $\mathscr{P}_2$-Nullmenge ist und umgekehrt.

Es gilt der folgende

Satz 2. *Eine abzählbare Klasse $\mathscr{P} = \{\mathsf{P}_i : i \in \Gamma\}$ ist äquivalent mit jedem Maß μ der Gestalt*

$$\mu(B) = \sum_{i\in\Gamma}{}' c_i \mathsf{P}_i(B), \qquad B \in \mathfrak{A},$$

wobei $c_i > 0$ und $\sum' c_i = 1$ ist.

Der Beweis wird dem Leser überlassen.

Jede abzählbare Klasse $\mathscr{P}$ von W-Maßen ist also eine dominierte Klasse. Umgekehrt besitzt jede dominierte Klasse eine zu ihr äquivalente abzählbare Teilklasse.

Satz 3 (HALMOS, SAVAGE). *Sei $\mathscr{P} = \{\mathsf{P}_\vartheta : \vartheta \in \Theta\}$ eine dominierte Klasse von W-Maßen auf $\mathfrak{A}$. Dann existiert eine abzählbare, mit $\mathscr{P}$ äquivalente Teilklasse $\mathscr{P}'$ von $\mathscr{P}$.*

Beweis. O. B. d. A. können wir annehmen, daß $\mathscr{P}$ durch ein endliches Maß ν dominiert wird. Denn wegen der σ-Endlichkeit von μ gibt es eine Zerlegung von $\mathscr{X}$ in abzählbar unendlich viele disjunkte Mengen $A_i \in \mathfrak{A}$ mit

$\mathscr{X} = \bigcup_i A_i$ und $0 < \mu(A_i) < \infty$, so daß

$$\nu(B) = \sum_i \frac{\mu(B \cap A_i)}{\mu(A_i)\, 2^i}, \quad B \in \mathfrak{A},$$

ein endliches Maß auf $\mathfrak{A}$ ist mit $\mu \ll \nu$. Dann gilt aber auch $\mathsf{P}_\vartheta \ll \nu$ für jedes $\vartheta \in \Theta$.

Sei f_ϑ die $[\mathfrak{A}, \nu]$-eindeutige Dichte von P_ϑ bez. ν, ferner

$$\mathscr{K} = \{K \in \mathfrak{A} : \exists\, \vartheta \in \Theta \text{ mit } K \subseteq K_\vartheta = \{x \in \mathscr{X} : f_\vartheta(x) > 0\}\} \tag{2}$$

und $\mathscr{D}$ die Gesamtheit aller endlichen und abzählbar unendlichen Vereinigungen der Mengen aus $\mathscr{K}$. Wir zeigen zunächst, daß es ein $H \in \mathscr{D}$ gibt mit $\nu(H) = \sup_{D \in \mathscr{D}} \nu(D)$. Sei $\varphi = \sup_{D \in \mathscr{D}} \nu(D)$, dann gibt es eine Folge $\{D_j, j \in \mathbb{N}\}$ von Elementen aus $\mathscr{D}$ mit $\nu(D_j) \underset{j\to\infty}{\longrightarrow} \varphi$. Wegen $D_j \in \mathscr{D}$ ist auch $H = \bigcup_j D_j \in \mathscr{D}$ und somit $\nu(H) \leqq \varphi$. Aus der Konstruktion von H folgt aber andererseits $\nu(H) \geqq \nu(D_j)$ für jedes j. Aus $\nu(D_j) \underset{j\to\infty}{\longrightarrow} \varphi$ folgt dann unmittelbar $\nu(H) \geqq \varphi$. Da $H \in \mathscr{D}$ gilt, gibt es nun eine abzählbare Anzahl von Mengen $H_j \in \mathscr{K}$ $(j \in \mathbb{N}_0 \subseteq \mathbb{N})$ mit $H = \bigcup_{j \in \mathbb{N}_0} H_j$ und damit auch eine abzählbare Anzahl von Maßen $\mathsf{P}_{\vartheta_j} \in \mathscr{P}$ mit $H_j \subseteq K_{\vartheta_j}$. Wir zeigen nun, daß die abzählbare Teilklasse

$$\mathscr{P}' = \{\mathsf{P}_{\vartheta_j} \in \mathscr{P} : \vartheta_j \in \Theta,\ j \in \mathbb{N}_0\}$$

äquivalent zu $\mathscr{P}$ ist. Sei $B \in \mathfrak{A}$ und $\mathsf{P}(B) = 0$ für jedes $\mathsf{P} \in \mathscr{P}'$. Dann ist aber wegen (2) $f(x) > 0$ für jedes $x \in B \cap K_\vartheta \cap K_{\vartheta_j}$, so daß aus $\mathsf{P}_{\vartheta_j}(B \cap K_\vartheta \cap K_{\vartheta_j}) = 0$ auch $\nu(B \cap K_\vartheta \cap K_{\vartheta_j}) = 0$ für jedes $\vartheta \in \Theta$ und $j \in \mathbb{N}_0$ folgt. Somit gilt

$$\begin{aligned}\nu(B \cap K_\vartheta \cap H) &= \nu\Big(B \cap K_\vartheta \cap \Big(\bigcup_j H_j\Big)\Big)\\ &\leqq \sum_j \nu(B \cap K_\vartheta \cap H_j)\\ &\leqq \sum_j \nu(B \cap K_\vartheta \cap K_{\vartheta_j}) = 0.\end{aligned} \tag{3}$$

Aus (2) folgt aber auch wegen $\mathsf{P}_\vartheta(\bar{K}_\vartheta) = 0$ für jedes $\vartheta \in \Theta$ und $B \cap \bar{H} \doteq \emptyset$

$$\begin{aligned}\mathsf{P}_\vartheta(B) &= \mathsf{P}_\vartheta(B \cap \bar{K}_\vartheta) + \mathsf{P}_\vartheta(B \cap K_\vartheta \cap \bar{H}) + \mathsf{P}_\vartheta(B \cap K_\vartheta \cap H) \\ &= \mathsf{P}_\vartheta(B \cap K_\vartheta \cap H) \ \forall\, B \in \mathfrak{A} \quad \forall\, \vartheta \in \Theta,\end{aligned}$$

so daß wegen (3) auch $\mathsf{P}_\vartheta(B) = 0$ für jedes $\vartheta \in \Theta$ gilt. Sei umgekehrt $\mathsf{P}_\vartheta(B) = 0$ für jedes $\vartheta \in \Theta$, dann gilt wegen $\mathscr{P}' \subseteq \mathscr{P}$ auch $\mathsf{P}(B) = 0$ für jedes $\mathsf{P} \in \mathscr{P}'$. ∎

Folgerung 1. *Aus Satz 2, Satz 3 und der Transitivität der Äquivalenzrelation von Klassen von W-Maßen erhält man unmittelbar, daß jede dominierte Klasse $\mathscr{P} = \{\mathsf{P}_\vartheta : \vartheta \in \Theta\}$ von W-Maßen ein zu ihr äquivalentes endliches Maß λ der Gestalt*

$$\lambda = \sum_i c_i \mathsf{P}_{\vartheta_i}, \quad c_i > 0, \quad \sum_i c_i = 1, \quad \vartheta_i \in \Theta \ \forall\, i, \tag{4}$$

besitzt.

Für eine bezüglich eines σ-endlichen Maßes μ dominierte Klasse von W-Maßen gilt nun folgender

Satz 4 (Lehmann). *Seien $\mathscr{P} = \{\mathsf{P}_\vartheta : \vartheta \in \Theta\}$ dominiert auf $\mathfrak{A}$ und $\mathscr{X}$ euklidisch. Dann ist eine Statistik $T : [\mathscr{X}, \mathfrak{A}] \to [\mathscr{T}, \mathscr{F}]$ genau dann suffizient für $\mathscr{P}$, wenn eine nichtnegative, $\mathscr{F}$-meßbare Funktion g_ϑ existiert mit*

$$\frac{\mathrm{d}\mathsf{P}_\vartheta{}^X}{\mathrm{d}\lambda}(x) = g_\vartheta\big(T(x)\big) \ [\mathfrak{A}, \lambda] \quad \forall\, \vartheta \in \Theta. \tag{5}$$

Beweis. ($\Rightarrow$) Ist T suffizient, dann gilt für jedes $A_0 \in \mathfrak{A}_T$, $A \in \mathfrak{A}$ und $\vartheta \in \Theta$ unter Beachtung von (3.7.2)

$$\int_{A_0} \mathsf{P}^X(A \mid T)(x)\, \mathrm{d}\mathsf{P}_\vartheta{}^X(x) = P_\vartheta{}^X(A \cap A_0)$$

und für λ, definiert durch (4),

$$\int_{A_0} \mathsf{P}^X(A \mid T)(x)\, \mathrm{d}\lambda(x) = \lambda(A \cap A_0),$$

d. h., $\mathsf{P}^X(\cdot \mid T)$ ist auch eine bedingte Verteilung bezüglich λ. Aus der Äquivalenz von λ mit $\mathscr{P}$ folgt aber

$\mathsf{P}_\vartheta \ll \lambda$ für jedes $\vartheta \in \Theta$, so daß für jedes $\vartheta \in \Theta$

$$g_\vartheta(T(x)) = \frac{\mathrm{d}\mathsf{P}_\vartheta|_{\mathfrak{A}_T}}{\mathrm{d}\lambda|_{\mathfrak{A}_T}}(x)$$

eine nichtnegative, $\mathfrak{A}_T$-meßbare Funktion ist. Die Notwendigkeit von (5) ist dann gezeigt, wenn g_ϑ auch die RADON-NIKODYM-Ableitung der nichteingeschränkten Maße ist. Sei $A_0 = \mathfrak{X}$, dann gilt für jedes $\vartheta \in \Theta$ unter Beachtung von (3.3.1) und Eigenschaft E 8 des bedingten Erwartungswertes

$$\begin{aligned}
\mathsf{P}_\vartheta{}^X(A) &= \int_{\mathfrak{X}} \mathsf{P}^X(A \mid T)(x)\,\mathrm{d}\mathsf{P}_\vartheta{}^X(x) \\
&= \int_{\mathfrak{X}} \mathsf{E}(I_A(X) \mid T)(x)\,\mathrm{d}\mathsf{P}_\vartheta{}^X(x) \\
&= \int_{\mathfrak{X}} \mathsf{E}(I_A(X) \mid T)(x)\,g_\vartheta(T(x))\,\mathrm{d}\lambda(x) \\
&= \int_{\mathfrak{X}} \mathsf{E}[I_A(X)\,g_\vartheta(T(X)) \mid T](x)\,\mathrm{d}\lambda(x) \\
&= \int_{\mathfrak{X}} g_\vartheta(T(x))\,I_A(x)\,\mathrm{d}\lambda(x) \\
&= \int_{A} g_\vartheta(T(x))\,\mathrm{d}\lambda(x) \qquad \forall\, A \in \mathfrak{A},
\end{aligned}$$

d. h.

$$\frac{\mathrm{d}\mathsf{P}_\vartheta{}^X}{\mathrm{d}\lambda}(x) = g_\vartheta(T(x)) \quad [\mathfrak{A}, \lambda] \qquad \forall\, \vartheta \in \Theta.$$

($\Leftarrow$) Sei (5) erfüllt und ferner für jedes $\vartheta \in \Theta$ und beliebiges $A \in \mathfrak{A}$ das Maß $\nu \ll \mathsf{P}_\vartheta$ auf $\mathfrak{A}$ durch $\dfrac{\mathrm{d}\nu}{\mathrm{d}\mathsf{P}_\vartheta{}^X}(x) = I_A(x)$ definiert. Dann ist (s. Aufgabe 3.8.16)

$$\frac{\mathrm{d}\nu|_{\mathfrak{A}_T}}{\mathrm{d}\mathsf{P}_\vartheta{}^X|_{\mathfrak{A}_T}}(x) = \mathsf{E}_\vartheta(I_A(X) \mid T)(x) = \mathsf{P}_\vartheta{}^X(A \mid T)(x),$$

so daß gilt

$$\begin{aligned}
\frac{\mathrm{d}\nu|_{\mathfrak{A}_T}}{\mathrm{d}\lambda|_{\mathfrak{A}_T}}(x) &= \mathsf{E}_\vartheta[I_A(X)\,g_\vartheta(T(X) \mid T)](x) \\
&= \mathsf{P}_\vartheta{}^X(A \mid T)(x)\,g_\vartheta(T(x)) \quad [\mathfrak{A}_T, \lambda].
\end{aligned}$$

Andererseits ist $\frac{\mathrm{d}\nu}{\mathrm{d}\lambda}(x) = I_A(x)\, g_\vartheta\big(T(x)\big)$, so daß aus dem gleichen Grunde auch

$$\frac{\mathrm{d}\nu|_{\mathfrak{A}_T}}{\mathrm{d}\lambda|_{\mathfrak{A}_T}}(x) = \mathsf{E}_\lambda\big[I_A(X)\, g_\vartheta\big(T(X)\big) \mid T\big](x)$$
$$= \mathsf{P}_\lambda{}^X[A \mid T](x)\, g_\vartheta\big(T(x)\big)\ [\mathfrak{A}_T, \lambda]$$

gilt, d. h., es gilt $[\mathfrak{A}_T, \lambda]$-eindeutig

$$\mathsf{P}_\lambda{}^X(A \mid T)(x)\, g_\vartheta\big(T(x)\big) = \mathsf{P}_\vartheta{}^X(A \mid T)(x)\, g_\vartheta\big(T(x)\big)\ \forall\ \vartheta \in \Theta. \tag{6}$$

Da $\mathsf{P}_\vartheta \ll \lambda$ für jedes $\vartheta \in \Theta$ ist, gilt (6) auch $[\mathfrak{A}_T, \mathsf{P}_\vartheta]$-eindeutig, und wegen $g_\vartheta\big(T(x)\big) \neq 0\ [\mathfrak{A}_T, \mathsf{P}_\vartheta]$ folgt

$$\mathsf{P}_\vartheta{}^X(A \mid T)(x) = \mathsf{P}_\lambda{}^X(A \mid T)(x)\ \ [\mathfrak{A}_T, \mathsf{P}_\vartheta],$$

d. h., für beliebiges $A \in \mathfrak{A}$ ist $\mathsf{P}_\lambda{}^X(A \mid T)$ eine $[\mathfrak{A}_T, \mathsf{P}_\vartheta]$-eindeutige Festlegung von $\mathsf{P}_\vartheta{}^X(A \mid T)$, die nicht mehr von ϑ, $\vartheta \in \Theta$, abhängt. ∎

Satz 5 (Faktorisierungskriterium von NEYMAN-FISHER). *Sei $\mathscr{X}$ euklidisch und ferner für jedes $\vartheta \in \Theta$ die Dichte f_ϑ von P_ϑ bezüglich eines σ-endlichen, $\mathscr{P} = \{\mathsf{P}_\vartheta : \vartheta \in \Theta\}$ dominierenden Maßes μ bekannt. Eine Statistik $T: [\mathscr{X}, \mathfrak{A}] \to [\mathscr{T}, \mathscr{F}]$ ist genau dann suffizient für $\mathscr{P}$, wenn eine nichtnegative, $\mathscr{F}$-meßbare Funktion g_ϑ und eine nichtnegative, $\mathfrak{A}$-meßbare Funktion h existieren, so daß für jedes $\vartheta \in \Theta$ gilt*

$$f_\vartheta(x) = g_\vartheta\big(T(x)\big)\, h(x)\quad [\mathfrak{A}, \mu]. \tag{8}$$

Beweis: ($\Rightarrow$) Sei λ definiert durch (4). Ist T suffizient, dann folgt aus (5) und $h(x) := \frac{\mathrm{d}\lambda}{\mathrm{d}\mu}(x)$

$$f_\vartheta(x) = g_\vartheta\big(T(x)\big)\, h(x)\quad [\mathfrak{A}, \mu]\quad \forall\ \vartheta \in \Theta.$$

($\Leftarrow$) Aus (8) und (4) folgt

$$\frac{\mathrm{d}\lambda}{\mathrm{d}\mu}(x) = \sum_i c_i g_{\vartheta_i}\big(T(x)\big)\, h(x) = K\big(T(x)\big)\, h(x)\ [\mathfrak{A}, \mu],$$

wobei $K(T(x))$ durch $K(T(x)) = \sum_i c_i g_{\vartheta_i}(T(x))$ $[\mathfrak{A}, \mu]$-eindeutig definiert ist. Nun ist (s. Aufgabe 3.8.6.) $K(T(x)) > 0$ $[\mathfrak{A}, \lambda]$, so daß für jedes $\vartheta \in \Theta$

$$\frac{d\mathsf{P}_\vartheta{}^X}{d\lambda}(x) = \frac{d\mathsf{P}_\vartheta{}^X}{d\mu}(x)\,\frac{d\mu}{d\lambda}(x) = g_\vartheta{}^*(T(x)) \quad [\mathfrak{A}, \lambda]$$

mit

$$g_\vartheta{}^*(t) = \begin{cases} g_\vartheta(t)\,K^{-1}(t) & \text{für} \quad K(t) > 0, \\ \text{beliebig} & \text{für} \quad K(t) = 0 \end{cases}$$

gilt. Dann ist aber T nach Satz 4 suffizient. ∎

Beispiel 3. Sei $X = (X_1, \ldots, X_n)$ eine unabhängige Stichprobe vom Umfang n aus einer $N(a, \sigma^2)$-verteilten Grundgesamtheit, d. h., X hat eine Dichte der Form

$$f_{a,\sigma^2}(x_1, \ldots, x_n) = \prod_{i=1}^n \frac{1}{\sqrt{2\pi}\,\sigma}\, e^{-\frac{1}{2\sigma^2}(x_i - a)^2}.$$

Mit $\overline{X} = \frac{1}{n}\sum_{i=1}^n X_i$ und $S^2 := \sum_{i=1}^n (X_i - \overline{X})^2$ ist dann

$$f_{a,\sigma^2}(x_1, \ldots, x_n) = \left(\frac{1}{\sqrt{2\pi}\,\sigma}\right)^n \exp\left\{-\frac{1}{2\sigma^2}\,s^2 - \frac{n}{2\sigma^2}\,(\overline{x} - a)^2\right\}$$

in der Gestalt (8) mit $T = (\overline{X}, S^2)$,

$$g_{a,\sigma^2}(T(x)) = \left(\frac{1}{\sqrt{2\pi}\,\sigma}\right)^n \exp\left\{-\frac{1}{2\sigma^2}\,s^2 - \frac{n}{2\sigma^2}\,(\overline{x} - a)^2\right\}$$

und $h(x) = 1$ darstellbar.

Beispiel 4 (Ungleichung von Blackwell-Rao). Sei X eine Stichprobe mit $\mathsf{P}^X \in \mathscr{P} = \{\mathsf{P}_\vartheta : \vartheta \in \Theta,\ \Theta \subseteq \mathbb{R}^m,\ \Theta \in \mathfrak{B}^m\}$. Eine Statistik S mit $S : [\mathscr{X}, \mathfrak{A}] \to [\Theta, \mathfrak{B}^m \cap \Theta]$ heißt Schätzfunktion. Einer Schätzfunktion S kann man nun durch den mittleren quadratischen euklidischen Abstand zwischen dem wahren ϑ und der Schätzung $S(X)$ eine nichtnegative reelle Zahl $R_\vartheta(S)$ zuordnen, die man auch Güte der Schätzfunktion nennt, d. h.

$$R_\vartheta(S) = \mathsf{E}_\vartheta\,\|S(X) - \vartheta\|^2.$$

Ist T eine suffiziente Statistik für $\mathcal{P}$, dann kann durch $S^* = \mathsf{E}(S(X) \mid T)$ eine weitere, nur noch von T abhängige Schätzfunktion definiert werden. Man zeige diese Eigenschaft. Für die Güte von S^* gilt nun $R_\vartheta(S^*) \leqq R_\vartheta(S)$ für jedes $\vartheta \in \Theta$, denn unter Beachtung der Projektionseigenschaften des bedingten Erwartungswertes gilt

$$\begin{aligned} R_\vartheta(S) &= \mathsf{E}_\vartheta \, \|S(X) - \vartheta\|^2 \\ &= \mathsf{E}_\vartheta \, \|S(X) - S^*(T(X)) + S^*(T(X)) - \vartheta\|^2 \\ &= \mathsf{E}_\vartheta \, \|S(X) - S^*(T(X))\|^2 + \mathsf{E}_\vartheta \, \|S^*(T(X)) - \vartheta\|^2 \\ &\geqq R_\vartheta(S^*) \quad \forall\, \vartheta \in \Theta . \end{aligned}$$

Die Güte einer Schätzfunktion wird also nicht verschlechtert, wenn man zu einer Schätzfunktion übergeht, die von einer suffizienten Statistik abhängt.

Beispiel 5. Sei X eine Stichprobe mit $\mathsf{P}^X \in \mathcal{P} = \{\mathsf{P}_\vartheta : \vartheta \in \Theta\}$ und $\Theta = \Theta_H \cup \Theta_K, \Theta_H \cap \Theta_K = \emptyset$. Unter einer Testfunktion φ zum Testen der Hypothesen H: „$\vartheta \in \Theta_H$" gegen K: „$\vartheta \in \Theta_K$" versteht man eine meßbare Abbildung φ des Stichprobenraumes $\mathcal{X}$ in das Intervall $[0, 1]$ ($\varphi(x)$ gibt die Wahrscheinlichkeit an, mit der K angenommen wird, wenn x beobachtet wurde).

Die Güte einer Testfunktion φ ist dann für jedes $\vartheta \in \Theta$ durch $\mathsf{E}_\vartheta(\varphi(X))$ definiert. Ist nun T eine suffiziente Statistik für $\mathcal{P}$, dann ist wieder $\varphi^* = \mathsf{E}(\varphi(X) \mid T)$ eine Testfunktion, die nur von T abhängt und die Güte von φ^* ist wegen $\mathsf{E}_\vartheta[\mathsf{E}(\varphi(X) \mid T)] = \mathsf{E}_\vartheta(\varphi(X))$ für jedes $\vartheta \in \Theta$ mit der Güte von φ identisch.

4.2. *Exponentialfamilien*

Eine der wichtigsten Aufgaben der Statistik ist die Ermittlung von in einem gewissen Sinne optimalen Entscheidungen über eine unbekannte Verteilung P^X einer ZG X. Ist die Verteilungsklasse $\mathcal{P}$, in der P^X liegen kann, sehr groß oder für die Lösung des Optimierungsproblems ungünstig, dann ist i. a. der Nachweis der Existenz einer optimalen Entscheidung und die explizite Bestimmung solcher Entscheidung sehr schwierig. Besitzen die Elemente von $\mathscr{P}$ eine bestimmte Gestalt, und zwar eine sogenannte Exponentialgestalt, dann wird das Optimierungsproblem oftmals wesentlich einfacher.

Definition 1. Eine Klasse $\mathscr{P} = \{\mathsf{P}_\vartheta : \vartheta \in \Theta\}$ von W-Maßen auf $\mathfrak{A}$ heißt *k-parametrige Exponentialfamilie*, wenn es ein zu $\mathscr{P}$ äquivalentes Maß μ gibt, so daß für jedes $\vartheta \in \Theta$ die Dichte f_ϑ von P_ϑ bez. μ die Gestalt

$$f_\vartheta(x) = C(\vartheta) \exp\left(\sum_{j=1}^{k} \xi_j(\vartheta)\, T_j(x)\right) h(x) \; [\mathfrak{A}, \mu] \qquad (1)$$

besitzt. Dabei sei o. B. d. A. angenommen, daß das Funktionensystem $\{1, \xi_1, \ldots, \xi_k\}$ linear unabhängig und das Funktionssystem $\{1, T_1, \ldots, T_k\}$ auf dem Komplement jeder μ-Nullmenge linear unabhängig ist.

Bemerkung 1. Sind die Funktionen $1, \xi_1, \ldots, \xi_k$ bzw. $1, T_1, \ldots, T_k$ nicht linear unabhängig, dann kann k reduziert werden.

Bemerkung 2. Ist $\mathscr{P}$ dominiert durch μ mit der Dichte (1), dann folgt aus $\mathsf{P}_\vartheta(N) = 0$ für jedes $\vartheta \in \Theta$

$$C(\vartheta) \exp\left(\sum_{j=1}^{k} \xi_j(\vartheta)\, T_j(x)\right) h(x) = 0 \quad \mu\text{-f. ü.},$$

so daß $h(x) = 0$ ist μ-f. ü. Definieren wir nun ein neues Maß ν auf $\mathfrak{A}$ durch

$$\nu(B) = \int_B h\,(x)\,\mu(\mathrm{d}x), \quad B \in \mathfrak{A},$$

dann ist $\nu \ll \mu$ und $\nu(N) = 0$ für jede Nullmenge N von $\mathscr{P}$. Damit sind $\mathscr{P}$ und ν äquivalent, und man bezeichnet auch häufig $\mathscr{P}$ als Exponentialfamilie, wenn die Dichten bez. eines beliebigen, $\mathscr{P}$ dominierenden Maßes μ die Gestalt (1) besitzen (siehe [11]).

Man kann nun leicht zeigen, daß die Verteilung P^X einer unabhängigen Stichprobe $X = (X_1, \ldots, X_n)$ zu einer Zufallsvariablen, deren Verteilung Element einer Exponentialfamilie ist, auch wieder Element einer Exponentialfamilie ist und daß die Statistik T, definiert durch

$$T(X_1, \ldots, X_n) = \left(\sum_{i=1}^{n} T_1(X_i), \ldots, \sum_{i=1}^{n} T_k(X_i)\right)$$

suffizient für Θ ist.

Beispiel 1. Sei X binomialverteilt mit den Parametern $(\vartheta, n) \in [0, 1] \times \mathbb{N}$, d. h., $\mathsf{P}^X_{\vartheta,n}$ ist absolut stetig bezüglich des Abzählmaßes mit der Dichte

$$f_{(\vartheta,n)}(x) = \binom{n}{x} \vartheta^x (1 - \vartheta)^{n-x}, \qquad x \in \{0, \ldots, n\}.$$

Dann ist aber auch

$$f_{(\vartheta,n)}(x) = \binom{n}{x} e^{x \ln \vartheta + (n-x) \ln(1-\vartheta)},$$

d. h. in der Gestalt (1).

Beispiel 2. Sei X normalverteilt mit den Parametern $(a, \sigma^2) \in \mathbb{R}^1 \times \mathbb{R}^+$, d. h. $\mathsf{P}^X_{a,\sigma^2}$ ist absolut stetig bez. des LEBESGUEschen Maßes mit der Dichte

$$f_{(a,\sigma^2)}(x) = \frac{1}{\sqrt{2\pi}\,\sigma} e^{-\frac{1}{2\sigma^2}(x-a)^2}, \qquad x \in \mathbb{R}^1.$$

Dann ist aber auch

$$f_{(a,\sigma^2)}(x) = \frac{1}{\sqrt{2\pi}\,\sigma} e^{-\frac{a^2}{\sigma^2}} e^{-\frac{1}{2\sigma^2}x^2 + \frac{a}{\sigma^2}x},$$

d. h. in der Gestalt (1).

Für Exponentialfamilien gilt nun der besonders in der Testtheorie oft benutzte

Satz 1. *Sei* $\mathsf{P}^X_{\eta,\xi}$ *Element einer* $(r + s)$*-parametrigen Exponentialfamilie* $\mathscr{P} = \{\mathsf{P}_{\eta,\xi} : (\eta, \xi) \in \Theta \subseteq \mathbb{R}^{s+r}\}$, *wobei o. B. d. A. die Dichte von* $\mathsf{P}^X_{\eta,\xi}$ *bez.* μ *die Gestalt*

$$\frac{d\mathsf{P}^X_{\eta,\xi}}{d\mu}(x) = c(\eta, \xi) \exp\left\{\sum_{i=1}^{r} \eta_i U_i(x) + \sum_{j=1}^{s} \xi_j V^j(x)\right\} h(x) \qquad (2)$$

besitze. Ferner seien $U = (U_1, \ldots, U_r) : [\mathscr{X}, \mathfrak{A}] \to [\mathscr{T}_U, \mathscr{F}_U]$ *und* $V = (V_1, \ldots, V_s) : [\mathscr{X}, \mathfrak{A}] \to [\mathscr{T}_V, \mathscr{F}_V]$. *Dann existieren ein Maß* ν_η *auf* $\mathscr{F}_V$ *und ein W-Maß* q *auf* $\mathscr{F}_u$, *so daß* (a) *die Verteilung* $\mathsf{P}^V_{\eta,\xi}$ *von* V *von* ν_η *dominiert wird mit der Dichte*

$$\frac{\mathrm{d}\mathsf{P}^V_{\eta,\xi}}{\mathrm{d}\nu_\eta}(v) = c(\eta, \xi) \exp\left\{\sum_{j=1}^{s} \xi_j v_j\right\} \quad [\mathscr{F}_V, \nu_\eta], \tag{3}$$

d. h., $\mathsf{P}^V_{\eta,\xi}$ *ist Element einer s-parametrigen Exponentialfamilie und* (b) *für jedes* $v \in \mathscr{T}_V$ *die bedingte Verteilung* $\mathsf{P}^U_{\eta,\xi}(\cdot \mid V = v)$ *von* U *unter der Bedingung* $V = v$ *von* q *dominiert wird mit der Dichte*

$$\frac{\mathrm{d}\mathsf{P}^U_{\eta,\xi}(\cdot \mid V = v)}{\mathrm{d}q}(u) = C_v(\eta) \exp\left\{\sum_{i=1}^{r} \eta_i u_i\right\} \quad [\mathscr{F}_V, q], \tag{4}$$

d. h., $\mathsf{P}^U_{\eta,\xi}(\cdot \mid V = v)$ *ist Element einer r-parametrigen Exponentialfamilie, deren Dichte bez.* q *nicht mehr von* ξ *abhängt.*

Beweis. Sei $\mathsf{P}^{U,V}_{\eta,\xi}$ das durch die Statistik $T := (U, V)$ induzierte Maß auf $[\mathscr{T}_U \times \mathscr{T}_V, \mathscr{F}_U \otimes \mathscr{F}_V]$ und $\mathsf{P}_{\eta_0,\xi_0}$, $(\eta_0, \xi_0) \in \Theta$, ein beliebiges Maß aus $\mathscr{P}$ mit dem induzierten Maß $\mathsf{P}^{U,V}_{\eta_0,\xi_0}$. Wegen (2) ist $\mathsf{P}^{U,V}_{\eta,\xi} \ll \mathsf{P}^{U,V}_{\eta_0,\xi_0}$ mit

$$\begin{aligned}&\frac{\mathrm{d}\mathsf{P}^{U,V}_{\eta,\xi}}{\mathrm{d}\mathsf{P}^{U,V}_{\eta_0,\xi_0}}(u, v)\\ &= \frac{C(\eta, \xi)}{C(\eta_0, \xi_0)} \exp\left\{\sum_{i=1}^{r} (\eta_i - \eta_{0,i})\, u_i + \sum_{j=1}^{s} (\xi_j - \xi_{0,j})\, v_j\right\},\end{aligned} \tag{5}$$

so daß unter Beachtung von (3.7.2) und Satz 3.8.1. für die Randverteilung von V gilt

$$\begin{aligned}\mathsf{P}^V_{\eta,\xi}(A) = \int_A &\left[\frac{C(\eta, \xi)}{C(\eta_0, \xi_0)} \exp\left\{\sum_j (\xi_j - \xi_{0,j})\, v_j\right\}\right.\\ &\left.\times \int_{\mathscr{T}_U} \exp\left\{\sum_i (\eta_i - \eta_{0,i})\, u_i\right\} \mathsf{P}^U_{\eta_0,\xi_0}(\mathrm{d}u \mid V = v)\right]\\ &\times \mathsf{P}^V_{\eta_0,\xi_0}(\mathrm{d}v), \quad A \in \mathscr{F}_V.\end{aligned} \tag{6}$$

Für ν_η, definiert auf $\mathscr{F}_V$ durch

$$\nu_\eta(A) = \frac{1}{C(\eta_0, \xi_0)} \int\limits_A \Big[\exp\Big\{-\sum_j \xi_{0j} v_j\Big\} \times \int\limits_{\mathscr{T}_U} \exp\Big\{\sum_i (\eta_i - \eta_{0,i})\, u_i\Big\}\, \mathsf{P}^U_{\eta_0,\xi_0}(\mathrm{d}u \mid V = v)\Big] \times \mathsf{P}^V_{\eta_0,\xi_0}(\mathrm{d}v), \quad A \in \mathscr{F}_V,$$

ist dann

$$\mathsf{P}^V_{\eta,\xi}(A) = \int\limits_A C(\eta, \xi) \exp\Big\{\sum_j{}' \xi_j v_j\Big\}\, \nu_\eta(\mathrm{d}v),$$

d. h. $\mathsf{P}^V_{\eta,\xi} \ll \nu_\eta$ mit der Dichte (3).

Für den Beweis von (b) beachten wir zunächst, daß mit (3.7.2) und (3.4.5) unmittelbar folgt daß

$$\frac{\mathrm{d}\mathsf{P}^U_{\eta,\xi}(\cdot \mid V = v)}{\mathrm{d}\mathsf{P}^U_{\eta_0,\xi_0}(\cdot \mid V = v)} = \frac{\dfrac{\mathrm{d}\mathsf{P}^{U,V}_{\eta,\xi}}{\mathrm{d}\mathsf{P}^{U,V}_{\eta_0,\xi_0}}(u, v)}{\displaystyle\int\limits_{\mathscr{T}_U} \frac{\mathrm{d}\mathsf{P}^{U,V}_{\eta,\xi}}{\mathrm{d}\mathsf{P}^{U,V}_{\eta_0,\xi_0}}(u, v)\, \mathsf{P}^U_{\eta_0,\xi_0}(\mathrm{d}u \mid V = v)}$$

$$= \frac{\exp\Big\{\sum_i (\eta_i - \eta_{0,i})\, u_i\Big\}}{\displaystyle\int\limits_{\mathscr{T}_U} \exp\Big\{\sum_i (\eta_i - \eta_{0,i})\, u_i\Big\}\, \mathsf{P}^U_{\eta_0,\xi_0}(\mathrm{d}u \mid V = v)} \cdot [\mathscr{F}_U, \mathsf{P}^U_{\eta_0,\xi_0}(\cdot \mid V = v)], \qquad (7)$$

so daß mit $q := \mathsf{P}^U_{\eta_0,\xi_0}(\cdot \mid V = v)$ und

$$C_v(\eta) := \int\limits_{\mathscr{T}_U} \exp\Big\{\sum_i (\eta_i - \eta_{0,i})\, u_i\Big\}\, \mathsf{P}^U_{\eta_0,\xi_0}(\mathrm{d}u \mid V = v)$$

(7) die Gestalt (4) besitzt.

4.3. *Bayessche Entscheidungsfunktionen*

Bei der BAYESschen Vorgehensweise in der Statistik betrachtet man neben der Verteilung $\mathsf{P}_\vartheta{}^X \in \mathscr{P} = \{\mathsf{P}_\vartheta : \vartheta \in \Theta\}$ einer Stichprobe X eine a-priori-Verteilung für ϑ, d. h. eine Verteilung über $[\Theta, \mathfrak{A}_\Theta]$, wobei $\mathfrak{A}_\Theta$ eine σ-Algebra von Teilmengen von Θ ist. Sei θ ein zufälliges Element des meßbaren Raumes $[\Theta, \mathfrak{A}_\Theta]$. Dann wird angenommen, daß X und θ Zufallsgrößen über einem Wahrscheinlichkeits-Grundraum $[\Omega, \mathfrak{F}, \mathsf{P}]$ sind.

Für die mathematische Fundierung dieser Vorgehensweise ist es nun notwendig, daß $\mathsf{P}_\vartheta{}^X$ als reguläre bedingte Verteilung $\mathsf{P}^X(\cdot \mid \theta = \vartheta)$ aufgefaßt werden kann und daß für die gemeinsame Verteilung von (X, θ) gilt

$$\begin{aligned} \mathsf{P}^{X,\theta}(A \times B) &= \int\limits_A \Big[\int\limits_B \mathsf{P}^X(\mathrm{d}x \mid \theta = \vartheta)\Big] \, \mathsf{P}^\theta(\mathrm{d}\vartheta) \\ &= \int\limits_B \Big[\int\limits_A \mathsf{P}^\theta(\mathrm{d}\vartheta \mid X = x)\Big] \, \mathsf{P}^X(\mathrm{d}x), \\ & A \times B \in \mathfrak{A} \otimes \mathfrak{A}_\Theta . \end{aligned} \tag{1}$$

Nach Satz 3.7.2. ist dafür hinreichend, daß $\mathscr{X}$ bzw. Θ vollständige separable metrische Räume und $\mathfrak{A}$ bzw. $\mathfrak{A}_\Theta$ die σ-Algebren ihrer BOREL-Mengen sind.

Sei nun $\mathscr{E}$ die Menge der uns interessierenden Entscheidungen über $\mathsf{P}_\vartheta{}^X$. Weiter sei durch die meßbare Funktion $l : \mathscr{E} \times \Theta \to \mathbb{R}^+$ der Verlust, der durch die Entscheidung $e \in \mathscr{E}$ entsteht, wenn $\vartheta \in \Theta$ der wahre Parameter ist, definiert. Ist nun $\mathscr{D}$ eine Menge von zugelassenen Entscheidungsfunktionen, d. h. meßbaren Abbildungen des Stichprobenraumes $\mathscr{X}$ in den Entscheidungsraum $\mathscr{E}$, dann heißt die Entscheidungsfunktion $\hat{\delta} \in \mathscr{D}$ BAYES*sche Entscheidungsfunktion*, wenn

$$\mathsf{E}\big[l\big(\hat{\delta}(X), \theta\big)\big] = \inf_{\delta \in \mathscr{D}} \mathsf{E}\big[l\big(\delta(X), \theta\big)\big] \tag{2}$$

gilt. Ist beispielsweise $\mathscr{E} = \Theta$, $l(\tilde{\vartheta}, \vartheta) = \|\tilde{\vartheta} - \vartheta\|^2$ und $\mathscr{D}$ die Menge aller $\mathfrak{A}$-meßbaren Funktionen, dann erhält man sofort unter der Voraussetzung $\mathsf{E}(\|\theta\|^2) < \infty$ aus der Projektionseigenschaft des bedingten Erwartungswertes (Satz 3.6.1.)

$$\hat{\delta}(X) = \mathsf{E}(\theta \mid X) .$$

Aus (2) folgt unmittelbar, daß für eine beliebige Verlustfunktion l unter Beachtung von (1) gilt

$$\hat{\delta} = \inf_{\delta \in \mathscr{D}} \mathsf{E}\big[l\big(\delta(X), \theta\big) \mid X = x\big]$$
$$= \inf_{\delta \in \mathscr{D}} \int_{\Theta} l\big(\delta(x), \vartheta\big) \mathsf{P}^{\theta}(\mathrm{d}\vartheta \mid X = x) \qquad \forall\, x \in \mathscr{X}.$$

Beispiel 1. Sei $X = (X_1, \ldots, X_n)$ wie in Beispiel 1.1., d. h. die stochastisch unabhängigen, identisch verteilten ZV X_i, $i = 1, \ldots, n$, sind zweipunktverteilt mit $\mathsf{P}_\vartheta(X_i = 1) = \vartheta$ und $\mathsf{P}_\vartheta(X_i = 0) = 1 - \vartheta$, $\vartheta \in \Theta = [0, 1]$. Ist die a-priori-Verteilung P^θ eine Beta-Verteilung mit den Parametern $\alpha, \beta > 0$, d. h. besitzt P^θ die Dichte

$$f(\vartheta) = \left\{ \frac{1}{B(\alpha, \beta)} \vartheta^{\alpha-1}(1 - \vartheta)^{-\beta-1}, \qquad \vartheta \in [0, 1], \right.$$

dann gilt bei quadratischer Verlustfunktion $l(\tilde{\vartheta}, \vartheta) = (\tilde{\vartheta} - \vartheta)^2$ unter Beachtung von (3.4.2)

$$\hat{\delta}(x) = \mathsf{E}(\theta \mid X = x) = \int_0^1 \vartheta f(\vartheta \mid x)\, \mathrm{d}\vartheta = \frac{\alpha + \sum_{i=1}^n x_i}{\alpha + \beta + n},$$

da gilt

$$f(\vartheta \mid x) = \frac{1}{B\left(\alpha + \sum_{i=1}^n x_i, \beta + n - \sum_{i=1}^n x_i\right)}$$
$$\times \vartheta^{\alpha + \sum_{i=1}^n x_i - 1} (1 - \vartheta)^{\beta + n - \sum_{i=1}^n x_i - 1}, \qquad \vartheta \in [0, 1].$$

Aufgaben zu Kapitel 4

1. Seien $T = (T_1, \ldots, T_k) : [\mathscr{X}, \mathfrak{A}] \to [\mathscr{T}, \mathscr{F}]$ eine Statistik mit Werten im $\mathbb{R}^k$ und $U(T) = (T_1, \ldots, T_m)$, $m < k$, bzw. $V(T) = (T_{m+1}, \ldots, T_k)$ eine Aufspaltung von T in die Teilstatistiken $U : [\mathscr{X}, \mathfrak{A}] \to [\mathscr{T}_U, \mathscr{F}_V]$ und $V : [\mathscr{X}, \mathfrak{A}] \to [\mathscr{T}_u, \mathscr{F}_u]$. Zeigen Sie, daß die reguläre bedingte Verteilung $\mathsf{P}^U(C \mid V = v)$

von U unter der Bedingung V für jedes $C \in \mathscr{F}$ eine $\mathscr{F}_V$-meßbare Lösung von

$$\int_D \mathsf{P}^U(C \mid V = v)\, \mathsf{P}^V(\mathrm{d}v) = \mathsf{P}^T(C \times D) \qquad \forall\, D \in \mathscr{F}_V$$

und für jedes $v \in \mathscr{T}_V$ ein W-Maß auf $\mathscr{F}_U$ ist.

2. Zeigen Sie, daß unter den Voraussetzungen von Aufgabe 1 mit $B_v = \{u \in \mathscr{T}_V : (u, v) \in B,\, B \in \mathscr{F}\}$ gilt

$$\mathsf{P}^U(B_v \mid V = v) = \mathsf{P}^T(B \mid V = v) \quad [\mathscr{F}_V, \mathsf{P}^V]\ \forall\, B \in \mathscr{F}.$$

3. Seien die Statistiken U und V definiert wie in Aufgabe 1. Zeigen Sie, daß U und V genau dann stochastisch unabhängig sind, wenn $\mathsf{P}^U(C \mid V = v)$ für jedes $C \in \mathscr{F}_U$ unabhängig von $v \in \mathscr{T}_V \setminus N$, $\mathsf{P}^V(N) = 0$, ist.

4. Sei $X = (X_1, \ldots, X_n)$ eine unabhängige Stichprobe vom Umfang n aus einer $N(a, \sigma^2)$-verteilten Grundgesamtheit. Zeigen Sie, daß die Statistiken

$$\overline{X} := \frac{1}{n} \sum_{i=1}^{n} X_i \quad \text{und} \quad S^2 := \frac{1}{n-1} \sum_{i=1}^{n} (X_i - \overline{X})^2$$

stochastisch unabhängig sind.

5. Zeigen Sie, daß die Verteilung P^X einer unabhängigen Stichprobe $X = (X_1, \ldots, X_n)$ zu einer Zufallsgröße, deren Verteilung Element einer Exponentialfamilie der Gestalt (2.1) ist, auch wieder Element einer Exponentialfamilie ist und daß $T(X_1, \ldots, X_n) = \left(\sum_{i=1}^{n} T_1(X_i), \ldots, \sum_{i=1}^{n} T_k(X_i)\right)$ suffizient für $\mathscr{P}$ ist.

6. Zeigen Sie, daß $\mathscr{P} = \{\mathsf{P}_\vartheta, \vartheta \in \Theta\}$ und μ äquivalent sind, wenn $\mathscr{P}$ von μ dominiert wird und wenigstens ein $\vartheta \in \Theta$ existiert, so daß $\frac{\mathrm{d}\mathsf{P}_\vartheta}{\mathrm{d}\mu}(x) > 0\ [\mathfrak{A}, \mu]$ gilt.

Literaturverzeichnis

[1] Bauer, H., Wahrscheinlichkeitstheorie und Grundzüge der Maßtheorie, 2. Auflage, Walter de Gruyter, Berlin und New York 1974.

[2] Borowkow, A. A., Wahrscheinlichkeitstheorie — Eine Einführung, Akademie-Verlag, Berlin 1976.

[3] Feller, W., An Introduction to Probability Theory and its Applications, Vol. 2, Wiley, New York 1966 (russ. Übersetzung Moskau 1967).

[4] Gichman, I. I., Skorochod, A. W., Теория случайных процессов, том 1, наука, Москва 1971.

[5] Halmos, P. R., Measure Theory, D. Van Nostrand, Princeton und New York 1950 (russ. Übersetzung Moskau 1953).

[6] Hinderer, K., Grundbegriffe der Wahrscheinlichkeitstheorie, Springer-Verlag, Berlin—Heidelberg—New York 1972.

[7] Kolmogorow, A. N., Fomin, S. V., Reelle Funktionen und Funktionalanalysis, Deutscher Verlag der Wissenschaften, Berlin 1975.

[8] Lehmann, E. L., Testing Statistical Hypotheses, Wiley, New York 1960 (russ. Übersetzung Moskau 1964).

[9] Loève, M., Probability Theory, 3rd edition, D. Van Nostrand, Princeton und New York 1963. (russ. Übersetzung Moskau 1962).

[10] Neveu, J., Mathematische Grundlagen der Wahrscheinlichkeitstheorie, R. Oldenbourg, München 1969.

[11] Witting, H., Mathematische Statistik, Teubner-Verlag, Stuttgart 1966.

Stichwortverzeichnis

Die Autoren

- legen die Grundbegriffe und Hauptsätze der Maß- und Integrationstheorie dar

- erläutern die Beziehungen dieser Theorie zur modernen Wahrscheinlichkeitstheorie und mathematischen Statistik

- behandeln ausführlich die Begriffe des bedingten Erwartungswertes und der bedingten Wahrscheinlichkeit sowie ihre Anwendung bei der Modellierung konkreter Probleme

- geben einen Überblick über die Anwendungen des bedingten Erwartungswertes und der bedingten Verteilungen in der mathematischen Statistik

WISSENSCHAFTLICHE TASCHENBÜCHER

FSC
www.fsc.org
MIX
Papier | Fördert gute Waldnutzung
FSC® C083411

Kolibri 360 GmbH
Ferdinand-Jühlke-Straße 7
99095 Erfurt, Deutschland
produktsicherheit@kolibri360.de